国産ジープタイプの誕生

三菱・トヨタ・日産の四輪駆動車を中心として

GP企画センター 編

グランプリ出版

読者の皆様へ

　本書は、2000年12月10日初版発行の『国産ジープの誕生』に、新たに増補ページを加えた新訂版です。

　また、本書では、三菱が1950年代にウイリスオーバーランド社とのライセンス契約でジープの生産・販売を行なっていたことから、戦後日本で一般に親しまれてきた「ジープ」の名称を掲載しています。

　2018年現在、「Jeep®」はFCA US LLC.の登録商標です。

　なお、ウイリスオーバーランド社は三菱との契約後、ウイリス社に改名されました。本書では、読みやすさなどの観点から、契約時やそれ以前の事項についても「ウイリスオーバーランド社」ではなく「ウイリス社」と表記していることがあります。あらかじめご了承ください。

本書刊行にあたって

　ここに登場する国産車両は、今から60年以上前のもので、日本社会もまだ貧しく自動車メーカーの規模も小さく、車両の生産台数も少なく、技術水準も高くはなかった。太平洋戦争で敗北してから数年しか経っておらず、ようやく経済的に上向きになろうとし始めたときである。

　国産ジープタイプの車両が登場した1951年の我が国の自動車生産台数は8万台ちょっとであり、ほとんどがトラックだった。それも半分以上が小型三輪トラックである。乗用車といえば、わずかに4千台ちょっとで、全体の20分の1に過ぎない。個人オーナーというのはごくわずかで、タクシーに使用されるのもほとんどが輸入車だった。トヨタも日産も、乗用車をつくってはいても、企業の利益を生むのはトラックであり、新しい車の開発をするにしても資金不足であり、技術者の数も少なく思うにまかせなかったのである。

　その頃アメリカのメーカーは乗用車の生産がほとんどで、一社で数百万台を生産し、アメリカ産業を支える大企業になっていた。しかし日本の自動車メーカーは需要が限られていたから、乗用車の生産台数を増やすわけにはいかなかった。加えて戦前からの生産設備を利用して細々と生産しており、大量生産のための設備に資金を投入する余裕はなく、ようやく赤字から脱出したばかりだった。自動車は、荷物を運ぶためのものであり、それゆえに価格が安く維持費も少ない三輪トラックがもてはやされていた。国民の所得水準も今とは比べられないほど低かったから、乗用車を持つなど夢のまた夢だった。

　それに、日本の道路は舗装されているのはごくわずかで、国道でさえ未舗装の部分があった。そのほかの道路では、晴れた日には埃が舞い上がり、雨が降るとぬかるむ未舗装道路だった。路面は凹凸もあり、スピードを上げて走ることは困難で、頑丈で壊れないようにすることが優先された。とても現代のように洗練された自動車が走れるような道路ではなかったのだ。自動車の性能向上が図られるようになるのは、この後の経済的に日本が立ち直る1970年代からのことである。

　本書はそれ以前に開発された四輪駆動車の軌跡であるが、日本の自動車産業発展の礎となった時代を知るものとして読んでほしい。

GP企画センター

はじめに

　ジープという言葉の由来は、General Purpose Car ということから GP と省略して表現しているうちにジープになったという説があるが、本当のところはわからない。オフロード走行を前提とする軍用車として開発されたもので、どんなところでも走行できる万能性が求められた。ジープという言葉は、普通名詞ではなく、特定の車両を指す商品名であるが、小型軽量で機動性を備えたオフロード車といえば、ジープという言葉がすぐに思いつくほど一般化されている。ここでは、ジープとかジープタイプ車という言い方をしているが、ジープの登場によって、自動車の一つのジャンルが成立したことはまことに興味深い。この点で日本のメーカーが果たした役割は決して小さくない。

　アメリカで最初につくられたものの、日本でも四輪駆動車が様々に進化してきている。SUVあるいはRVといわれる車両のルーツはジープにあるといっていいかもしれない。

　ここでは、日本で誕生したジープ及びジープタイプ車の初期モデルとそのイメージを持続した車両を中心に取り上げている。ウイリスジープが、戦争の終結によって、軍用から民間用に主力をシフトしたように、日本でつくられたこれらの車両も、一部は防衛庁やその前身の保安隊などに軍用として納入されているものの、生産された多くの車両は民間用だった。この点で見ても、本家のウイリスオーバーランド社と提携してジープを生産した三菱と、独自に開発したトヨタや日産とでは車両の進化の方向が若干違うことになったのは当然のことかもしれない。

　軍用ジープとしての機構とあり方を忠実に守り抜いた三菱が、新型のジープタイプ四輪駆動の開発では、一挙にランドクルーザーやパトロール以上に乗用車的な操作性と走行性能の車両にしたパジェロを世に送り出したのも、ある意味では歴史の必然といえるだろう。

　なお、ジープとはカテゴリー的に異なる四輪駆動トラックで、軍用としてつくられたウエポンキャリヤーなどについても触れているのは、誕生の動機や使われ方に共通点があるからである。

　本書は先に刊行した「懐旧のオート三輪車史」とは姉妹編に当たるものである。どちらかといえば、傍流と思われるジャンルの古めかしい車両に光を当て、当時のことなどを知ったり懐かしんでもらえればと思っている。

　最後になったが、本書を編集するに当たって、三菱を初めとして、トヨタ、日産、いすゞの広報関係の方々に写真や資料などで大変お世話になったことを感謝したい。

国産ジープタイプの誕生
目次

戦前・戦中における四輪駆動車の開発 7

戦後の日本で強烈な印象を与えたジープ / 第一次世界大戦と自動車 / 第二次世界大戦と機動的な小型軍用自動車の活躍 / ジープ に先駆けた小型四輪駆動トラック / ウイリスジープの誕生 / 日本製四輪駆動車の戦前における開発状況

三菱ジープの誕生とその進化 21

朝鮮戦争勃発による変化と国産化 / ジープ以前の三菱による技術提携 / 三菱がウイリスジープに関心を示した理由 / 新三菱重工業とウイリスオーバーランド社との提携 / ウイリスジープに関する新しい契約の締結 / ジープのノックダウン生産の開始と国産化 / エンジンの換装と国産ジープの完成 / 国産化されたジープ用エンジン / 三菱独自のディーゼルエンジンの開発 / 民間用ジープの販売と新タイプの登場 / 右ハンドル車の登場 / 国産化により登場した特殊用途車 / 防衛庁向けの特別仕様車の生産 / 三菱自動車の設立とクライスラー社との提携 / その後のジープの改良 / 新エンジンへの換装 / ジープからパジェロへ

トヨタランドクルーザーの誕生とその輸出 77

特需の恩恵とトヨタジープの開発 / トヨタジープ BJ 型の発売 / 最初のモデルチェンジ / ランドクルーザーの輸出が活発に / その後のランドクルーザーの改良 / トヨタ製ウエポンキャリヤーの開発

日産パトロールの誕生とその活躍 103

日産パトロールの開発スタート / 日産パトロールの市販開始 / 中近東を中心とする輸出とパトロールの改良 / 1960 年に新型パトロール 60 型が登場 / 軍用トラックの日産キャリヤーの誕生

いすゞの全輪駆動車の誕生 128

大型トラックメーカーとしての地位の確立 / 六輪駆動車 TW 型の開発 / 水中走行可能な四輪駆動車 TR 型の開発

イラスト / 立川由美子　協力 / 梶川利征　巻末資料協力 / 自動車史料保存委員会

戦前・戦中における四輪駆動車の開発

戦後の日本で強烈な印象を与えたジープ

　戦後の日本で小型車クラスの四輪駆動車が開発されたのは、朝鮮戦争の勃発を受けて占領軍総司令官であるマッカーサー元帥の指令による警察予備隊が創設されたことがきっかけだった。正式には国家警察予備隊と称され、いまの自衛隊の前身に当たるものである。
　警察予備隊がジープと同じようなタイプの車両を必要としていることから、国内メーカーに新型モデルの開発を打診したことが、その後の各メーカーの活動に様々な影響を与えている。ジープという言葉はウイリス社製のコンパクトな四輪駆動車を指す商品名であるから、国産ジープといういい方は三菱以外のメーカーの車両を呼ぶにはふさわしくないが、当時の小型車クラスの四輪駆動車はジープという言葉で表現され、普通名詞と同じように使われた。実際、ジープに対するイメージは日本人にとって強烈な印象を与えたものである。
　日本でも悪路を走破できる小型車として四輪駆動車を戦時中

朝鮮戦争におけるジープの活躍。右は前線を視察するマッカーサー元帥（毎日新聞提供）。

に作られ、各地で使用されてはいたものの、その数は多くなく、あまり庶民の目に触れることのないものだった。

　敗戦によって日本に進駐してきた占領軍は大量のジープを持ち込んで軍務に使用するだけでなく、兵士たちの足としても利用されたから、日本中でジープはよく見られた。

　占領軍のイメージはジープと陽気な米兵たちによってつくられたといっても過言ではなかった。それまでの自動車のイメージとは異なる存在のジープは物量を誇るアメリカ軍の豊かさの象徴と思われ、大きなインパクトを与えた。無駄のない機能的な乗り物としてのスタイルが、いかにもさっそうとしていて格好良かった。

　三菱がウイリス社と技術提携して三菱ジープを生産するよう

戦後すぐの日本でよく見られたジープ（1945年11月、毎日新聞提供）。

8

= 戦前・戦中における四輪駆動車の開発

1946年10月、帝国銀行から財閥解体により荷物を運び出すところだがこのようなときには、必ずと言っていいほどジープが先導や警備に使用された（毎日新聞提供）。

になるのも、トヨタのランドクルーザーや日産パトロールが誕生するのも、警察予備隊の創設がきっかけであった。したがって、国産のジープタイプの四輪駆動車は、東西の冷戦の影響を受けて生まれたものといえる。

　これらの国産小型四輪駆動車について見る前に、戦争と自動車の関係について、簡単に振り返ってみたい。

第一次世界大戦と自動車

　自動車や航空機が使用された最初の戦争として、第一次大戦はそれまでの戦い方から様変わりしたものとなった。人馬に頼っていた輸送が、トラックの登場により機動力を発揮するようになった。しかし、開発途上にある機械はトラブルの発生やメンテナンスの煩わしさなど、必ずしも便利に利用できたとばかりはいえなかった。

　ドイツではこの大戦前の1908年に輸送機関としてのトラックに注目し、その設計や製造に関する基準を作成している。しか

9

し、軍用にトラックを装備するには費用がかかりすぎるために、平時はユーザーが普通の輸送に使用し、戦争になった場合にこれを徴収して使用する方針が立てられた。購入時の補助や維持費の一部を政府が負担するかわりに借用するというものであったが、この制度はそれほどの効果を上げなかった。

この方法は、ヨーロッパの他の国でも試みられ、日本でも国産メーカーを育成するために導入された。政府の援助があるということで、石川島製作所や東京瓦斯電気工業などが自動車の開発と生産に意欲を示すようになった。しかし、軍部が期待するほどの成果はなく、日本軍の使用する軍用トラックも日本で組み立てられるフォードやシボレー製が最初は多かった。

自動車と戦争ということで見れば、第一次世界大戦では、マルヌの戦いにフランス人兵士を大量に輸送してドイツ軍の進撃をくい止めたルノータクシーの話が有名である。このエピソードはトラックが有効に使用されなかった証拠ともいえるものである。第一次大戦では荷物の輸送はまだ馬などが主流で、自動車が本格的に有用な輸送の道具として軍用に供されるのは第二次大戦になってからである。

第二次世界大戦と機動的な小型軍用自動車の活躍

第二次大戦は近代的な兵器を使用したため、最新技術の開発競争が激しく繰り広げられたが、この戦いの中から生まれ、その後一つのカテゴリーとして発展したのがジープタイプ車である。

ドイツの代表的な小型軍用車としては、キューベルワーゲンがあるが、これは四輪駆動ではなく、フォルクスワーゲンと同じRRタイプの二輪駆動車である。連合軍のジープに対抗するドイツの小型の軍用車といえるものである。

この当時、ドイツを支配していたアドルフ・ヒットラーが車好きだったのは有名で、ポルシェ博士にドイツの国民車としてフォルクスワーゲンを設計させ、テスト走行が重ねられてい

戦前・戦中における四輪駆動車の開発

た。国民からの支持を確実にするために、ヒットラーは一家に一台の乗用車を所有する方針を打ち出し、荒野だったウォルフスブルクに大きな工場を建設し、乗用車の量産体制を確立しようとしていた。

しかし、戦争が近づくにつれて計画は変更され、軍用自動車の開発が優先され、キューベルワーゲンが生産されることになる。もともとキューベルワーゲンは、軍用というよりオフロード走行車として開発されたものだ。ボディはできるだけ軽くするために平面の多いパネルで仕上げ、車両重量は500kgを切る軽量だった。これがオフロードの走破性を高めるキーになる技術だったが、機動性を良くするには四輪駆動にした方がいいという強硬な意見も陸軍首脳の中にはあった。しかし、試作された四輪駆動車の何台かは、ステアリングが重かったり、操縦性がよくなかったりで、あまり台数はつくられなかった。

キューベルワーゲンは軽量ボディの強みを発揮して機動性があった。地雷の上を通過しても爆発しないことがあったともいわれる。空冷エンジンだったから、ラジエターをねらい撃ちされて走行不能に陥る心配がないことやシンプルな機構に徹していて故障が少ないことも、好評な理由だった。エンジン排気量は985ccから1131ccに拡大され、燃料タンクの位置が高くなり、防塵対策が進められるなど各種の改良が加えられた。

このほかにも、フォルクスワーゲンをベースにした水陸両用車や空冷エンジンを2基装備した六輪駆動車も作られている。

後輪駆動でありながら抜群のオフロード性能を示したドイツのキューベルワーゲン。

11

ジープに先駆けた小型四輪駆動トラック

　アメリカでジープに先行した四輪駆動車として知られているのがマーモン・ヘリントン・フォード4WDである。このもとになる車を開発したのはイギリス生まれでアメリカに移住したアーサー・ヘリントンである。工科大学を出て自動車の技術者になり、第一次大戦の経験で軍用車の開発に意欲を持つようになり、ウォルター・マーモンという後援者を得て、1920年に「マーモン・ヘリントン社」（Marmon Harrington Inc.）が設立された。完成したのが小型四輪駆動トラックで、機動性に優れたものだった。軍用だけでなく、林業や石油開発事業に携わる人たちから歓迎された。このトラックは林業者からは「野山羊」と呼ばれ、石油業者からは「大鯨」といわれて愛用されたという。陸軍から33台の注文が入り、生産が本格化し、前途に光明がさしたかに見えた。

　しかし、このころから軍備予算が削減されて、その後の注文はなく、仕方なくイランを初めとする中近東の石油会社や陸軍への売り込みを図った。

　やがてアメリカ国内でも、ユーザーが増えるようになり、生

ジープに先駆けてアメリカでつくられた小型四輪駆動トラックのマーモン・ヘリントン・フォード4WD。

産が追いつかなくなった。規模の小さいメーカーだったから、増産のための大がかりな設備投資ができず、リスクを回避するために、フォードと提携することになった。

1934年にはフォードの小型四輪トラックとしてマーモン・ヘリントン・フォード4WDが発売された。小型サイズの四輪駆動トラックとしてはジープに先駆けたものである。

ウイリスジープの誕生

第一次大戦の経験で、機動性のある小型自動車の必要性を感じていたアメリカ陸軍（US Army）は、第二次世界大戦が勃発すると、軍用小型四輪駆動車の開発を急いだ。第一次大戦後、T型フォードのようにシンプルでサイズの小さいオフロード車が伝令や偵察に使用され、なおかつ人員と小型兵器の輸送もできるということで、その有用性が認識されていた。

陸軍では第二次大戦前に四輪駆動で4分の1トンの荷物を積み、ホイールベースが80インチ（2032mm）、車両重量900kg以下などの条件と厳しい期限をつけてメーカーに競作させることにした。しかし、意欲を示したメーカーは数少なかった。この時点で興味を示したのが、アメリカンバンタム社、ウイリスオーバーランド社、フォード社の3社だった。

有力候補として浮上したのがアメリカンバンタム社だった。バンタム社はジープの原型を作ったことによって自動車の歴史に名を刻むメーカーとなったが、実際には規模の小さいつぶれかけたメーカーだった。

アメリカンバンタム社は1930年に設立されたアメリカンオースチン社が前身のメーカーで、その名が示すようにイギリスのオースチンセブンのライセンスを取得してアメリカで生産するために設立された。はじめのうちはよかったが、次第に先細りとなり、1935年にアメリカンバンタム社に社名変更するとともに独自の車両を開発したが、成果は得られなかった。そんな折りにアメリカ陸軍からの提案があり、この計画に基づく車両の

生産によって起死回生を図ろうとしたのだった。

　陸軍の要求した1か月足らずの間に設計を済ませるという条件に対し、ウイリスオーバーランド社とフォード社は時間が足りないと主張した。アメリカンバンタム社だけが期間内に開発する努力をした。この車両の開発のために設計者を急いで雇うというあわただしい状況の中で、原型となる車両が完成した。

　この車両に使用されたエンジンは、エンジンメーカーであったコンチネンタル社の直列4気筒を買い入れたものである。車両重量は1000kgをオーバーしたものの、テストの結果もよかったので、アメリカンバンタム社に1500台を超える車両の発注がなされた。

　しかし、生産設備の貧弱な同社は、それ以上の生産は不可能だった。期間には間に合わなかったものの、ウイリスとフォードの小型四輪駆動車は開発が続けられ完成した。しかし、フォードは航空機用エンジンの生産も引き受けており、ジープの生産まで手が回らないのが実状だった。これにより、ウイリス社がジープのメーカーとなるきっかけをつくった。

　ウイリス社の創業は1909年と古いものの、ウイリス社もジープを生産する1940年まで順調にきたわけではなかった。やり手のセー

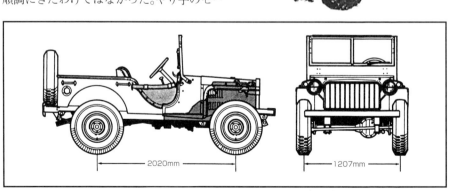

アメリカンバンタム社でつくられた最初のジープ。

戦前・戦中における四輪駆動車の開発

ルスマンとして名をはせたノース・ウイリスが起こした企業で、初めは販売からスタートしたが、経営不振に陥ったオーバーランド社を買収してメーカーとしての活動を始め、第一次大戦のころにはフォードに次ぐメーカーとして生産台数を増やし、多くの企業を傘下におさめた。しかし、その後は順調にいかず、1929年の大恐慌が追い打ちをかけ、ウイリスオーバーランド社は倒産、新しい経営者の元に再建が図られ、1933年からは主としてコンパクトカーの生産をしていた。

1940年3月、ウイリスオーバーランド社のウイングストン・フレーザー社長とデルマール・ルース副社長の二人は、ヘリントン大佐の薦めもあってフォード社で生産するマーモン・ヘリントン・フォード4WDを調査している。このとき四輪駆動車に強い関心をもったことが、ジープの生産に踏み切る原動力になったという。

試作車は1940年11月につくられ、この生産タイプのウイリスジープは"クォト"つまり四角いやつとよばれたが、これがウイリスMA型である。開発の先頭に立ったルース副社長は、これをもとに既存車からの部品の流用をやめて、新しくこの車両

1940年11月に完成されたウイリスオーバーランド社製の最初のMA型ジープ。

にふさわしいものとして設計し直したことで、性能は大幅に向上した。陸軍当局を満足させ、大量発注につながった。

　そしてこの改良されたMB型が量産モデルとなった。陸軍から制式認定を受けたウイリスMB型は大量生産に入った。一方のアメリカンバンタム社は1941年までジープの生産を続けたが、自動車メーカーとしての歴史は、この年で終わっている。ジープの設計思想や生産はウイリスに引き継がれ、やがてアメリカ以外の連合国軍にも供給されることになり、フォードでも生産されるようになった。フォード社で生産されたものはフォードGPWと呼ばれたが、機構やスタイルはウイリスジープMB型と同じである。生産が一社だけに集中した場合、空襲やその他の突発事項によって生産がストップする恐れがあることを当局がおそれたからである。

　ウイリスジープは改造が施されて、水陸両用車、救急車、空輸用ジープ、雪上車、装甲偵察車、キャタピラ装着車などにも使用された。

　MB型は終戦となる1945年まで生産が続けられ、その後は民間用として生産されるようになった。軍用の装備をなくしただけのものであるが、これがユニバーサルジープCJ-2A型と呼ばれた。1950年には若干の改良が加えられ、CJ-3A型となり、52年にはエンジンが新しくなっている。それまでの60psのものから70psにアップし、このタイプはCJ-3B型と呼ばれた。

　この直後にボディなどを一新したCJ-5型が作られたが、ホイールベース2060mmのもの以外に2570mmのロングホイールベースのCJ-6型も作られた。

　1956年にウイリス社はカイザー社に吸収され、1963年にはウイリスの名前が消えてカイザージープ社となり、1970年にはアメリカンモーターズ社に吸収され、さらにジープの製造権は同社の消滅によって1987年からはクライスラーに移った。しかし、クライスラーのつくるジープはウイリス製ジープとつながりのある設計思想ではなくなっている。

16

日本製四輪駆動車の戦前における開発状況

　日本初の四輪駆動車は1936年に三菱重工業で製作された「ふそうPX33型」であるといわれているが、「くろがね四起」は1935年に陸軍で制式化されている。まだ四輪駆動車が珍しい当時は、四輪起動車あるいはこれを縮めて四起と呼ばれていた。

　陸軍の自動車学校から四輪起動車の製作の内示を受けて、開発が始められた。参考にしたのは、軍部が保有していたベルリエ六輪駆動車だった。フランスの古いメーカーであるベルリエ社はオフロード車の分野で独自性を示していたようで、戦後もトラックメーカーとして活動していたが、1967年からシトロエンの傘下に入っている。

　ふそうPX33型に使用されたエンジンは水冷6気筒4890cc、70ps/2400rpmのS6型エンジンであった。これは軍用トラックやバスなどに使用されていたものの流用で、1935年12月に試作第一号車が完成している。しかし、商工省がこのクラスのエンジンはスミダX型エンジンに統一するという方針を打ち出したために、これに換装された試作車にしなくてはならなかった。軍部が主導権をとって車両やエンジンなどの規格をつくり効率よく生産することを目標にしていた。標準型に統一するという

我が国最初の四輪駆動乗用車といわれる三菱のふそうPX33型。

7人乗り四輪駆動乗用車として使用された自動車工業製JC型。

　国家の統制が進んできていたから、各メーカーが独自のエンジンを搭載することは許されなかったのだ。
　商工省標準型自動車としてトラックに搭載されたのがX型エンジンで、6気筒4390cc 45ps/1500rpm、石川島自動車製作所が担当して開発したもので、コスト削減を意識し、大量生産を狙ったものである。電装品から計器類まで国産化されていた。1937年7月にこのエンジンを搭載したふそうPX33型が4台完成し、陸軍関係にプレゼンテーションした。
　しかし、このころになると三菱の首脳陣は乗用車の開発や生産に対して意欲をなくしていたようだ。「ふそうPX33型」にディーゼルエンジンを搭載するという話もあり、そのための準備もされたようだが、結局は三菱の四輪駆動乗用車は試作だけ

太平洋戦争中に最も多く使用された四輪駆動車のくろがね四起。

戦前・戦中における四輪駆動車の開発

モーターサイクルメーカーである陸王がつくった陸王軽四起。

に終わっている。実用性を高めるためには駆動系の改良などが必要であったが、そこまでする意志がなかったのは、三菱内部で、自動車、特に乗用車生産に対する消極論が大勢を占めるようになっていたからである。

　これに代わって普通車クラスの四輪駆動乗用車として作られたのが、いすゞ自動車の前身である自動車工業製のJC型である。陸軍では98式4輪起動車と呼称されたもので、西暦1938年が皇紀2598年に当たることからの命名である。大きさは三菱製のふそうPX33型と同じで、ホイールベースは3300mmと長く、7人乗りでフォードA型やシボレーなどより一回り大きいサイズだった。機械化部隊の指揮官用乗用車として、戦車や牽引車などと行動を共にするために使用された。エンジンはX型を改良したXD型ガソリンエンジンが搭載された。このJC型は270から280台製作されたという。

　小さい乗用車タイプの四輪駆動車として知られているのが「くろがね四起」である。ホイールベース2000mm、全長3550mmと、現在の軽自動車並の大きさである。2人乗りであったが、機動性を生かすという点では前記のJC型よりすぐれていた。このほかにも、オートバイメーカーの陸王が試作した軽四起がある。これはオート三輪用の空冷エンジンを搭載したものだった

19

トヨタで開発されたジープタイプのAK10型。量産に入るべくヘッドライトを一つにするなど戦時型となっていた。

が、量産には至らなかった。

　トヨタでも、1943年にアメリカ軍から捕獲したジープをもとに同様の車両の試作を命じられている。この時代になると、各自動車メーカーはエンジンの排気量別に担当が決められており、2500ccクラスのエンジンを持っていたことでトヨタが指名された。

　戦時中のあわただしい中で、ジープと同様の機構をもち、スタイル的にもこれを踏襲した試作車が作られテストされた。

　その結果を受けて生産することになったが、すでに金属を初めとする物資の不足が深刻になっていて、荷台は木製、ヘッドライトは中央に一つだけという戦時型トラック同様の仕様になった。しかし、生産が軌道に乗る前に終戦となり、量産には至らなかった。このときの経験は、後のランドクルーザーの開発に生かされることになる。

三菱ジープの誕生とその進化

朝鮮戦争勃発による変化と国産化

　第二次世界大戦で連合国側として戦ったソビエト連邦に対して、アメリカはアメリカンバンタム社製のジープを貸与するなどしていたが、大戦の終了とともに友好国ではなくなり、東西の冷戦が始まった。

　ソビエトを中心とする共産圏とアメリカを盟主とする資本主義圏との対立である。

　日本では、占領軍による統治が始まった1945年から数年間は、再び軍隊を持って領土拡張を図らないようにと、軍備をもたない条項のある憲法が新しく施行され、平和国家を目指す道が開かれた。占領軍は、労働組合を作ることを奨励し、婦人の参政権を認めるなど日本の民主化を進めた。

　ところが、朝鮮半島の分断があり、中国が共産化して中華人民共和国が成立し台湾との対立がみられ、日本の近くで東西の対立が激化してきた。国際情勢の変化が日本の方向にも影響を与えることになった。

朝鮮戦争における連合軍。移動にはジープが使用された。38度線を前に待機するアメリカ海兵隊（1950年10月3日、毎日新聞提供）。

　いわゆる逆コースをたどるようになったわけだが、こうした方向を決定付け、戦後の日本に大きな影響を与えたのが1950年6月に勃発した朝鮮戦争だった。

　三菱でも、このときに在庫を一掃した。特需による経済の好況は内需を活発にし、戦争が終わっても需要が衰えることがなかった。それどころか、エネルギー産業や原材料の供給を支える鉄鋼業などの生産能力の向上があって、朝鮮戦争終了後の1952年には、日本は戦前の経済水準を追い越し、さらに成長を続けるようになった。

　占領軍によって国家警察予備隊の創設が指令され、現在の自衛隊の元となる組織がつくられた。軍備を持たないとうたった憲法があるために、専守防衛を前面に打ち出しているものの、実質的には国家の防衛と治安を目的とする組織がつくられたのである。

　こうしたなかで、軍用車両としての小型四輪駆動車が日本で生産されるようになった。日本でも三菱（このときは分割されて中日本重工業）がアメリカのウイリス社と技術提携してジープをつくったことがよく知られているが、同様の四輪駆動車がトヨタと日産によって同じ時期に開発されている。

三菱ジープの誕生とその進化

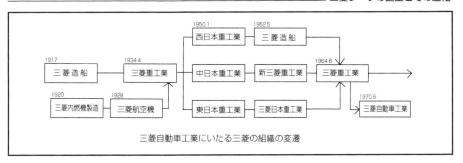

三菱自動車工業にいたる三菱の組織の変遷

ジープ以前の三菱による技術提携

　この頃の三菱は、財閥解体指令によって三分割されていた。地域ごとに東日本重工業、中日本重工業、西日本重工業となったが、自動車に関係する事業を展開していたのは中日本重工業と東日本重工業だった。

　スクーターを1946年から製作していたのは名古屋製作所であり、オート三輪車の生産は倉敷の近くにある水島製作所で、いずれも中日本重工業に属する工場で小型車が中心であった。東日本重工業では戦前からディーゼルエンジンを搭載したバスなどを製作していた伝統があって、ふそう自動車として大型バスやトラックを生産していた。

　その東日本重工業では、通産省の認可した日産などの技術提携とは別に、一足早く1950年9月にアメリカのカイザーフレーザー社と日本での組立生産と販売の契約を結んで、ヘンリーJという2ドア乗用車の生産を開始した。この事実はあまり知られていないが、乗用車の生産技術を学ぶことで将来に備えよう

三菱重工の前身の一つである東日本重工業で技術提携してノックダウン生産された80psエンジン搭載のヘンリーJ。全長4432mm・ホイールベース2540mmと当時としては大きめの小型車のサイズで2ドアだった。

23

1950年代の三菱の全輪駆動の大型トラック。左上は六輪駆動のW11型ダンプトラック。右上はT35型トラックトレーラー。下はW13型クレーンキャリア。

としただけでなく、日本国内の販売はもちろんアジア諸国や南アメリカなどにも輸出しようという計画だった。このときには、まだ海外の自動車メーカーとの提携に対する通産省の方針が決まっておらず、戦前からの有力企業である三菱だからこそ、外資不足の時代に海外との提携が可能だったといえる。他のメーカーでは、外貨を使用することになる、こうした提携を簡単に結ぶことは難しいことだった。

契約した東日本重工業川崎製作所でノックダウン生産が行われ、年産3000台を計画、日本国内では占領軍の家族や軍属などへの販売も期待された。

1951年6月に一号車が完成したが、この時点ではアメリカ軍や軍属などは日本の平和条約の発効を控えて引き揚げる人が多く、またアジア地域での販売もはかばかしくなかった。そこでタクシーなど国内販売を中心に営業することになったが、ヘンリーJはアメリカではコンパクトカーに属するクルマであっても、小さい乗用車しかない日本では大きいサイズであり、またタクシーなどに使用するには2ドアでは不便だった。

このため、三菱が期待したほど販売台数は多くならなかった。生産は1954年まで細々と続いたが、提携先のカイザーフレーザー社が倒産したことによって、あまり実りのないままこ

の生産はうち切られ、あだ花に終わっている。

　この活動は中日本重工業のジープ生産とは直接結びつくものではないが、後に三菱重工業となる東日本重工業の自動車部門では、大型トラックを生産しており、警察予備隊の発足とともに、輸送用のトラックを納入している。

　不整路や雪上走行などを可能にするために、1951年7月に4トン積みの六輪駆動トラックを開発した。1948年から東京機器製作所丸子工場でジープやダッジのウエポンキャリヤーの修理をしたことで、警察予備隊からの需要を目指して開発が始められたものである。このときは8550cc125psのガソリンエンジンが搭載されている。

　この六輪駆動トラックはW11型として、アメリカ軍から供与された車両の老朽化に伴って保安隊や後の自衛隊に納入され、また各地の土木建設工事に使用された。これが三菱の特殊車両の原型となり、トラッククレーン車やトラクター、クレーンキャリヤー、レッカー車などがつくられた。これらの大型全輪駆動車とは別に、四輪駆動のT35型トラックトレーラーも同社でつくられている。

三菱がウイリスジープに関心を示した理由

　中日本重工業は、1948年から名古屋の大江工場でアメリカ軍の乗用車やトレーラーのオーバーホールを中心とする修理部門

戦後になって民間用ジープに力を入れたウイリス社のジープのカタログ。

をつくって活動していた。さらに、トヨタや日産から乗用車用のボディ架装も依頼されていた。生産設備の不足などでこれらのメーカーは自前で何種類ものボディをつくることが困難だったからで、中日本重工業には大型プレス機があり、戦前からの板金などを得意とする職人が在籍していたこともあって、こうした要望に応えていた。トヨタのSF型乗用車の一部やダットサンのボディもここでつくられていた。

　こうした外注の仕事は、最初のうちは多くの従業員を養うためのものだったが、作業を進めるうちに自動車に関する技術を身につけるようになり、自動車の生産を重要な柱にしようとする考えが次第に強まっていったという。そんな折りにウイリス社との間でジープの国産化の話が出てきた。

　ジープが主力製品となっていたウイリスオーバーランド社は、終戦によって軍需が激減したことで、民需を中心とする転換を図っていた。アメリカ国内だけでなく積極的に海外進出を図り、日本にジープの販売会社が設立されたのは1949年である。倉敷レーヨンを大株主とする倉敷フレーザーモータースが

ウイリスジープCJ-3B型。

三菱ジープの誕生とその進化

1952年の最初の契約によりすべての部品をウイリス社から取り寄せて組み立てられた最初のジープであるCJ3A-J1型。

代理店となり輸入販売することになった。限られた外貨を使用することになるので自動車の輸入台数も制限され、ジープの販売も数が多くなく、中流軍人や軍属などがユーザーだった。

　成熟していない日本市場に特定の有力メーカーが大規模に参入することを防ぐための方法として、通産省が採った方針は、要請があれば規模の大きさに関係なく、どのメーカーのクルマでも平等に外貨を割り与えることだった。このため、多くの代理店がそれぞれにメーカーと契約して輸入したので、この頃の日本ではメーカーの規模に関係なく世界のあらゆるクルマが少数ずつ入ってきた。

　さながら世界の自動車の見本市のごとくなり、モスクヴィックなどというクルマも輸入されてタクシーとして走る光景が見られた。倉敷フレーザーモータースもそんな代理店のひとつだった。

　日本での販売をさらに伸ばそうと考えたウイリス社では、極東地方の支配人が1950年12月に来日して、ノックダウン方式による生産を考慮して提携先をさがした。

　このときに相談相手となった代理店の倉敷フレーザーモータースが、強力に推薦したのが2年後に社名を新三菱重工業に変更する中日本重工業だった。この頃、大江工場では進駐軍のジープの板金部品の修理や再生作業を手がけており、オート三輪車を生産する水島製作所と倉敷フレーザーモータースとは距離的に近かった。

27

新三菱重工業がジープに興味を示すようになるのは、警察予備隊がつくられ、ジープの国産化に関して新三菱に対して検討するように要請されたことがきっかけとなった。将来的に軍用としての需要が見込まれ、同時に電力会社などでの使用も検討されることで、興味を強く持つようになった。

警察予備隊が編成され、日本の軍需力の強化が議題になっていたときだった。

日本は戦後すぐの段階では兵器の生産や航空機の開発などは禁止されたが、東西の冷戦の激化によって様相が変わってきていた。最先端技術を駆使した航空機や艦船などはアメリカ製を使用するにしても、そのほかの兵器や軍用機械類は国産化しようという動きが見られた。

こうした背景が、新三菱重工業の、ウイリス社とのジープに関する技術提携を後押しすることになった。保安庁（防衛庁の前身）が相手になり一定の需要が見込まれること、乗用車と

ウイリスCJ-3A型をもとに生産されたJ2型ジープ。

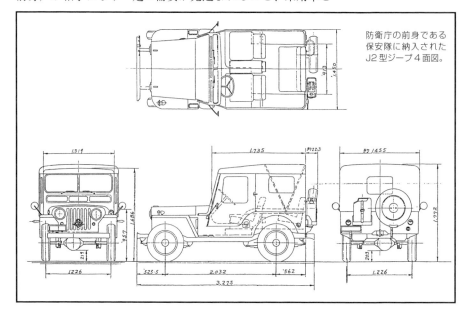

防衛庁の前身である保安隊に納入されたJ2型ジープ4面図。

違って他のメーカーと競合しないこと、ライセンス生産に関して認可がむずかしくないこと、ジープは製品として実績があって性能的に安定していること、京都製作所の主流となる小型車用エンジンがないところに適当な製品になりそうなこと、ジープをつくることはトラックでも乗用車でもどちらに転んでも技術的に得られるものがあることなどの理由で乗り気になった。

新三菱重工業とウイリスオーバーランド社との提携

1952年7月にウイリス社とのノックダウン組立に関する契約が結ばれた。

倉敷フレーザーモータース社が輸入する部品を新三菱重工業の名古屋製作所大江工場で組み立て、販売はこれまで通り倉敷フレーザーモータース社が受け持つことになった。

このときのノックダウンによる生産は、ウイリス社でつくられたすべての部品を船で運んできて、新三菱重工業で組み立てるものだった。CKCといわれる完全ノックダウン方式である。契約に基づいて組み立て用の部品が1952年12月に届いて生産が始められた。

これはウイリスでCJ-3A型といわれたタイプで、日本ではJ1型として生産された。第一号車が完成したのは53年2月で、3月までに54台が完成してまず林野庁に納入された。このタイプは戦後すぐにウイリス社が民間用に手直しされたジープを若干改良したもので、全長3275mm・全幅1635mm・全高1772mm、エンジンはウイリス社製のサイドバルブ方式の2199cc、ボア79.4mm・ストローク111.1mmのライトニング4型60psだった。CJというのはCivilian Jeepの略で、民需用ジープという意味である。

このタイプのジープ500台が、ノックダウン方式により組み立てられ、警察予備隊から編成替えによって保安隊と名称を変えた保安庁に納入された。車両の仕様は林野庁に納入されたタイプとほとんど同じで、変更箇所は6V電装から12V電装に代わった程度である。1953年3月から組立が始まり、7月に納入されている。これはJ2型と称された。

当初は三菱ウイリスジープCJ-3B型と称していた。戦闘場面などのためにフロントウインドウは折り畳めるようになっていた。

しかし、三菱の思惑とは異なり、朝鮮戦争の終結によって不要になった大量のジープが保安隊で使用されることになったので、この後の受注は思っていたほど多いとはいえなかった。

ウイリスジープに関する新しい契約の締結

新三菱重工業がウイリス社と技術提携による組み立てに関する契約交渉を進めている間に通産省(後の経済産業省)では自動車に関する海外メーカーとの技術提携についての政策を検討していた。三菱グループでもその情報はつかんでいたものの、ウイリス製ジープの国内組み立てを急ぐ必要があったために、この通産省の政策がまとまる前にジープ組み立ての契約交渉が先行した。したがって、最初に三菱がウイリスオーバーランド社と契約した内容は、日産やいすゞがイギリスのメーカーと乗用車に関して提携したものとは異なる条件のものだった。

ここで乗用車を中心とする技術提携がどのような経緯をたどって締結されるようになったかみてみよう。

このころの国産メーカーは、欧米先進国の自動車と比較すれば、車両の開発技術や生産技術に関しては遅れをとっていた。したがって、製造業の監督官庁である通産省も、日本の自動車産業が力をつけるまでの間は、海外のメーカーが日本で生産することを望んでおらず、自動車の輸入も制限していた。その間に国産メーカーが力をつける方法を模索していた。

日本の自動車メーカーがトラックより乗用車の生産台数が多くなるのは1960年代の後半に入ってからのことであるから、50年代は圧倒的にトラックの占める割合が多く、乗用車はハイヤーやタクシーなどの営業用が大半だった。しかし、将来に備えて乗用車の生産に力を入れるべきだという意見が強くなり、特需などで経営的に改善されたことによって、そのための準備ができる余裕が生じてきた。

メーカー側も、欧米に追いつく手段として海外のメーカーと技術提携することが早道であると考えるところがあり、通産省に認可を求める運動が始まっていた。海外のメーカーのクルマづくりのノウハウを学ぶには、進んだ機構をもったクルマを日本で組み立てることでその技術を修得しようという考えである。しかし、技術提携するにはライセンス料を支払わなくてはならず、量産するようになれば、その費用もそれにつれて多くなっていく。

安易な提携は貴重な外貨の無駄遣いになるのではないかと恐れた通産省では、提携に条件を付けることを思いついた。

初めは提携したメーカーのクルマの部品をそっくり輸入することになるが、それらを国産化することによって、量産しても支払うライセンス料が生産量に比例して多くならないようにするものだった。部品を国産化することによって日本の技術水準のアップに貢献し、しかも外貨の使用にも歯止めがかけられる

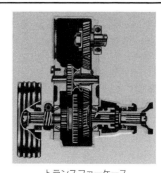
トランスファーケース

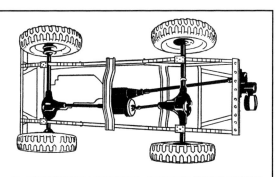
ジープは四輪駆動車としてだけでなく、動力取り出し装置を持つのが特徴。

妙案だった。

　トヨタはトラックと共通のシャシーを使用してボディだけを架装した乗用車を生産していたが、乗用車専用の設計になるものを開発する必要を感じており、日産でも戦前からのダットサンの生産だけではノウハウの修得に限界があると感じていた。ここで、トヨタは乗用車を自主開発する道を選択するが、量産技術の取得が重要と考えた日産は、オースチン社との提携に踏み切った。

　同様に乗用車生産の経験を持たないいすゞと日野自動車は、海外のメーカーとの提携によって乗用車メーカーへの道を歩もうとする意欲を見せた。両社は元はひとつの企業だったが、軍部の意向によっていすゞはトラックの生産、日野は戦車のエン

ジープの国産化に当たり名古屋製作所の大江工場でつくられることになった。これはメインアッセンブリライン。

三菱ジープの誕生とその進化

フレームのアッセンブリライン。

ジンを中心とするメーカーとなった経緯があり、戦前からの密接な関係もあって、通産省は両社に好意的であり、外貨を使用する技術提携を認めることに抵抗はなかった。いすゞはヒルマンミンクスを、日野はルノー4CVを技術提携によって生産することになるのは周知の通りである。

　三菱でも、乗用車生産への参入のよい機会ととらえ、通産省の案にそって提携先としては、ドイツのフォルクスワーゲンやイタリアのフィアット社を候補として想定していた。1952年になるとフォルクスワーゲンが有力候補となったが、ここでウイリス社との提携が具体化してきた。いくら三菱といえども、ジープと別に乗用車に関しても技術提携するわけにはいかない。二者択一の結果、ジープが選ばれたのだった。

　その背景には先に挙げたように、ジープにすれば公官庁への納入など需要が見込まれることがあり、一方でドイツの高速道路であるアウトバーンを走るなかで開発された乗用車であるフォルクスワーゲンは、未舗装路の多い日本で受け入れられるかという疑問があった。

ジープのノックダウン生産の開始と国産化

　日産とオースチンとの技術提携は1952年12月、いすゞと日野がそれぞれヒルマンとルノーと提携したのは1953年3月のことで、先に述べた三菱の提携はそれより一歩早かった。

　しかし、部品の国産化に関しての提携契約はこのときには結ばれておらず、通産省の方針に基づいて組立する部品の国産化に関する契約が改めてウイリス社との間で結ばれたのは53年7月だった。

　これによりウイリス社の下請けとしての生産ではなく、製造販売権を供与される内容の契約となり、三菱の独自性もある程度保てる内容になった。ただし、日本で生産された車が輸出できる地域は東南アジアなどに制限されていた。ウイリス社ではジープを9か国でノックダウン生産していたが、部品を国産化

したりする自由度を認めた契約内容は、日本との間だけのものだった。

　ただし、国産化に当たって、部品の改良などで変更の大きなものについては、ウイリス社側の承認が必要になっていた。

　ところで、中日本重工業は52年5月に新三菱重工業に社名変更したが、これは三菱という戦前からの財閥名を名乗ることがこのときに許可されたからで、日本の占領政策が終了し、独立国として活動していく時期と重なっている。

　一方で、ジープが主体だったウイリスオーバーランド社は、業績が好調なこともあって乗用車部門にも力を入れるようになったが、これが裏目に出て企業の業績は悪化し、ヘンリー・カイザーに買収された。1953年4月には新しくウイリスモーターという社名になり、カイザーが社長に就任、カイザーフレーザー社の傘下に入った。戦後の混乱が終わり、新時代に向けた企業競争の激化と淘汰の時代が訪れつつあった。

エンジンの換装と国産ジープの完成

　三菱が国産化しようとしているときに、ウイリスジープはエンジンを中心としてモデルチェンジが図られ、新しくCJ-3B型となった。エンジンは改良が加えられ、車両サイズも全長3390mm・全幅1665mm・全高1890mmと一回り大きくなった。ホイールベース2032mm、車両重量1085kg、4人乗りまたは2人乗りプラス250kgの積載量だった。これが国産化されて三菱が独自に販売したものがJ3型、防衛庁に納められた仕様のジープ

左右とも大江工場におけるメインアッセンブリライン。

三菱ジープの誕生とその進化

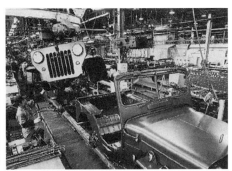

ボディ架装ラインやボディアッセンブリラインなどの行程を経てジープが製造され、最終チェックを受けた上で完成品となる。

がJ4型と呼ばれた。車両の全長や全高などのサイズは装備によって異なるので、数値は同じではないが、基本的な機構などは同じである。車両重量はJ4型が1250kgと重くなっている。J3型は6V電装、J4型は12V電装である。これらはいずれもウイリスジープ同様に左ハンドル車だった。

ジープの国産化に伴って、1953年7月には新三菱重工業名古屋製作所内の自動車を担当する第一技術部にジープ設計課が設立された。このときの技術部長は、後に三菱自動車工業の社長となる久保富夫である。

ここでいう国産化とは、ウイリスジープ用の個々の部品を、アメリカから送られてくる図面と現物から順次日本国内で製作し、それを元に組み立てるもので、基本的にはウイリス社製部品と同じものである。国産化に当たっては、使用される材料から加工状態まで、ウイリス社のエンジニアが個々の部品に関してテストして形式認定したものから国産化し、最終的には全部

70psハリケーンエンジンを搭載したCJ3B-J3型の標準タイプ車。

品を国産化して組み立てることになる。

　しかし、実際にはウイリス社以外の部品工場で生産されていたものもあり、それらについては三菱が独自に手配しなくてはならなかった。こうした過程では、大江工場で実施していたジープの修理作業の経験が参考になったという。

　1953年9月に技術提携による国産化が通産省によって正式に認可されたことを受けて、三菱では国産化に関する技術調査のために6人の技術者をアメリカのウイリス社に派遣している。国産化によって自動車の設計から生産まで、将来的に三菱独自に実施するための技術力をつけるための取り組みでもあった。アメリカでの経験は当初期待していたほどの成果は上がらなかったようだが、アメリカのメーカーの生産の仕方やテスト方法などを学び、どのような部品にどんな材質が使用されているか、強度を上げるための熱処理の仕方、精度はどこまで上げるかなど調査すべき項目はたくさんあった。

　この時代の技術者は、何が何でも成果を上げなくてはならず、帰国すれば多くの技術者や作業に携わる人たちを指導しなくてはならないから、言葉がうまく使えないというハンディ

三菱ジープの誕生とその進化

比較的初期に生産されたCJ3B型ジープ。まだウインカーも装備されずにサイドのロゴもウイリスのままである。

キャップがあっても、必死になって学んでいた。覚悟のほどが違っていたといえよう。

5か月ほどの滞在で技術調査団の技術者達が帰国し、早速国産化のための設備や金型や治具などが整えられた。当初の計画では月産200台でスタートしている。名古屋製作所の第一工作部のなかに組立課が新設され、新しい体制となってジープが生産されることになった。

乗用車を生産する他のメーカーと違って、ジープの場合は保安庁に納入する場合には、もう一つの壁を突破しなくてはならなかった。

この時代には日本の官庁に納入するものであっても、軍用品は在日アメリカ軍の物資調達局を経由して納入されることになっており、その審査に合格する必要があった。激しい使用状態が想定されるから、審査も厳しく、細かくチェックされた。このやりとりで三菱とその部品供給先は大いに鍛えられた。この過程は、欧米先進国の技術的水準に追いつくための努力と苦労であったといえる。

国産化されたジープCJ-3B型は民間用としても販売に力を入れ、オフロードにおける走破性を強調した。

　京都製作所が担当したエンジンの国産化は一足早く54年12月に第一号機が完成をみた。さらにすべての部品を国産化した一号車が完成したのは55年5月だった。これをもとにウイリス社の審査を受けて目的を完遂したのは56年3月であった。

　このときにエンジンを生産する京都製作所はジープ用エンジンのシリンダーブロック加工用のセミトランスファーマシンを完成させ、量産化に踏み出している。電装品などの部品は外部の部品メーカーに発注されたが、性能要求を満たすための苦労は並大抵ではなかったという。

　また、ジープには方向指示器が付けられていなかったが、車両の保安基準を満たすために最初はスクーター用だった腕木式のものを装着した。その後は現在見られるようなウインカー式のものになっている。

　ちなみに1955年は、トヨタが国産技術で初めての乗用車として設計したクルマであるトヨペットクラウンを発売し、日産では戦前からのダットサンに代わる新しいモデルのダットサン110型を発売しており、乗用車生産が日本で本格的に始まった年でもある。

国産化されたジープ用エンジン

　ジープ用エンジンの国産化は、三菱の小型自動車用エンジン開発のために決定的な役割を果たしたといっていい。自動車関

三菱ジープの誕生とその進化

連で三菱がこの時点で生産していたのは、オート三輪車やスクーターがあったが、いずれも空冷のシンプルなもので、戦前から航空機用エンジンを開発していた三菱京都製作所での生産ではなかった。

1950年頃の京都製作所は、自社製のトラック用ガソリンエンジンの生産が採算がとれないために中止となり、ジープ用エンジンを生産する前は、日産から受注したトラック用ディーゼルエンジンの生産や消防ポンプ用エンジン、ケロシンエンジンなどを細々と生産している程度だった。そのため、ジープ用エンジンの国産化という課題ができたことは大いなる光明が与えられたといえる状況だった。

ウイリス社から送られてくる図面やマニュアルなどの翻訳やインチで記された寸法のミリへの換算などから始められた。

三菱が最初にライセンス生産したJ1及びJ2は2199ccサイドバルブのライトニング4型エンジンだったが、Fヘッドといわれるサイドバルブとエンジンの中間的な機構をしたエンジンに改良された。これはウイリスではハリケーン4型と称されたが、国産化に当たって三菱ではJH4型と称した。

サイドバルブエンジンは機構的にはシンプルであるが、吸排気バルブがシリンダーブロック側にあるために、燃焼室の形状をよくすることができず、出力を向上することがむずかしかっ

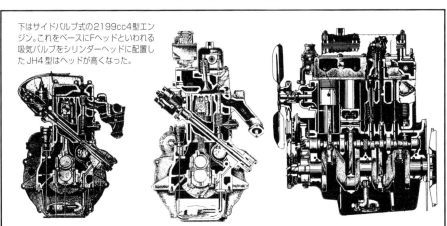

下はサイドバルブ式の2199cc 4型エンジン。これをベースにFヘッドといわれる吸気バルブをシリンダーヘッドに配置したJH4型はヘッドが高くなった。

吸気バルブをシリンダーヘッドに配置することでパワーアップが図られたJH4型ガソリンエンジン。

 た。そこで、エンジンの生産設備をできるだけ変更しないで性能向上を図る手段として、吸気バルブだけをシリンダーヘッド側に配置し、排気バルブはサイドバルブエンジンと同じようにシリンダーブロック側にある機構のエンジンにした。

 これがFヘッドといわれるものである。吸気バルブをシリンダーヘッドに配置することによってバルブの傘径をそれまでより10mmも大きくすることができ、大幅な吸気効率の向上が図られた。燃焼室形状も良くなり、吸気ポートの抵抗も小さくなり、性能は同じ排気量でありながら、60psから70psへと向上した。このレベルでの10psアップというのはかなりなものである。機構的にはサイドバルブ式からOHV型に移行する中間的なもので、吸排気バルブの配置が全く異なるので、バルブ開閉機構が複雑になる。また、ヘッド部分の形状が異なったことに

左はウイリスオーバーランド本社の建物。右は国産化されたエンジンのダイナモ上のテストとそのチェック風景。

40

三菱ジープの誕生とその進化

より、加工面で多少複雑になった。

欠点として浮かび上がったのは、シリンダーヘッドが高くなることによって重心位置が高くなり、それにつれてボンネットも高くなり、ジープの軽快で精悍な印象がやや薄められたことだ。しかし、出力の向上を考慮すれば、総合性能はアップしているといえるだろう。

国産化にあたっては、三菱の蓄積した技術をもってすれば、理解を超えたようなところはなかったろうし、機構的にむずかしいものではなく、ウイリス社とのコミュニケーションの悪さの方が障害になったようだ。1年数ヶ月にわたる取り組みによって国産化されたJH4型エンジンの一号機が組み上がったのが54年12月、その後、三菱内部でテストがくり返され改良が加えられた。

ウイリス社のテストを受けるために2基のエンジンがアメリカへ船便で送られたのは1955年9月のことだった。

このエンジンが到着するタイミングを見計らってエンジニアがアメリカに派遣された。エリー湖畔のカンザス市にあるウイリス社で日本の技師を交えてテストが実施された。耐久試験は一日10時間の連続運転で実施されるが、最大定格回転速度である4000rpmを10パーセントもオーバーした4400rpmで合計300時間というもので、当時の日本では考えられない厳しいものだった。250時間を過ぎたところで異音が発生したために分解したところ、吸気バルブ用のスプリングに異常が見つかるなどしたが、すぐに対策して、ことなきを得た。

アメリカ本社でのテストに合格したことで、このエンジンは正式認可され、1956年2月から国産化されることになった。その後1970年までジープ用ガソリンエンジンとして三菱で生産され続けた。

三菱独自のディーゼルエンジンの開発

Fヘッドをもつガソリンエンジンを量産する体制が敷かれたものの、燃料事情のよくない東南アジアなどに輸出しようとすると、ガソリンエンジンでは障害になった。

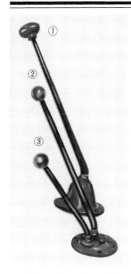

トランスミッションのレバー（①）の他に2本のトランスファーケースのレバー（②、③）があり、二輪駆動から四輪駆動への切り替えは前輪駆動のレバーを断から接にする。また大きなトルクを必要とするときには変速レバーをローにする。もちろんスピードを要求するときはハイに切り替える。

エンジン排気量はガソリンのJH4型と同じでこれをベースにディーゼル化したKE31型。

そこで、経済性にも優れたディーゼルエンジンの開発に着手することになった。経済性に優れるとはいえ、小型のディーゼルエンジンの開発には技術力が要求された。ディーゼルエンジンといえば、大型バス・トラックなどに使用される大排気量エンジンが主流だった。

この頃に、ようやくヨーロッパではダイムラーが小型乗用車用にディーゼルエンジンを搭載して話題になり、経済性を重視するロンドンのタクシーにもディーゼルエンジンを搭載する車

三菱で新開発したディーゼルエンジンを搭載したJC3型ジープのカタログの表紙。

三菱ジープの誕生とその進化

KE31型ディーゼルエンジン用の燃料噴射ポンプ。

JC3型ジープに搭載されたKE31型ディーゼルエンジン。

両が現れるようになっていた。小型の高速ディーゼルエンジンは運動部品の強度や燃焼問題、燃料噴射ポンプの精度などの技術的な問題の克服が必要だった。

　ジープ用のディーゼルエンジンはそれなりに出力があることが前提であるが、ガソリンエンジンと同じサイズにしないと搭載できないという制約があった。サイズは、同じ排気量にするとディーゼルエンジンはガソリンエンジンに対してパワーダウンすることになるが、2200ccのエンジンは、ガソリンエンジンに換算すると1500ccくらいの性能が出せる計算になるという。このくらいの性能であればOKだろうということで、エンジンのボア・ストロークは同じ79.4×111.1mmでいくことになった。要するにガソリンエンジンをベースに排気量を変えずにディーゼル化したものである。この結果、エンジンの外形寸法は全高が低くなるくらいで基本的には同じ、重量増も10パーセントほどの20kgの増大で納まっている。

　クラッチを初めとして変速機やトランスファーのケースなどもガソリンエンジン用のものを流用でき、クランクシャフトもショットピーニング処理などを施して強度を確保して流用している。燃焼室は予燃焼室式である。始動性をよくすると高速時の性能が上がらないなどの問題があったが、技術陣のねばり強い追究で克服された。燃料噴射ポンプは京都製作所製の小型列型のものを用い、タイミングギアケースに直結されている。

43

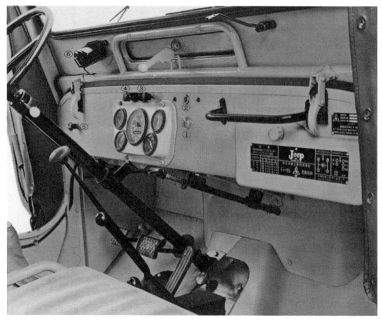

ディーゼルエンジンを搭載したCJ3B-JC3型ジープのコクピット。メーター類の右にあるのが①スタートスイッチ及び②予熱標示灯。上にあるのが③燃料ボタンと④停止ボタン。メーターの左は⑤ライトスイッチ、その上部にあるのが⑥ワイパースイッチ。

　最初の最高出力は56ps/3500rpmだったが、次の年には61ps/3600rpmに向上している。ガソリンエンジンに比較して加速性能でやや劣ることになったが、実用性能は十分に確保したものになっている。

　燃費に関してはガソリンエンジンの60パーセントですむようになり、当時の片瀬と大磯間の往復で計測した燃費はリッター当たり16.5kmというデータが残されている。最高速ではガソリンエンジン車の95km/hに対して10パーセントほど劣っているが、箱根や長尾峠の登坂テストでは両車に優劣の違いは見られなかったという。

　このディーゼルエンジンはKE31型としてジープに搭載して1958年7月から生産を開始した。このエンジンを搭載したものはジープJC3型となり、車両重量は1170kgだった。このエンジンはその後のジープの主力エンジンになっただけでなく、その後の三菱の小型ト

J10型の初期車。

三菱ジープの誕生とその進化

ラックのジュピターや小型バスのローザにも搭載され、これをベースに6気筒化したKE36型がジュピタートラックに4気筒のKE31型とともに搭載された。

前記したガソリンエンジンのJH4型とともにKE31型は、その後の三菱の小型車エンジンのもとになったもので、1960年代の三菱乗用車の開発に引き継がれた技術である。

民間用ジープの販売と新タイプの登場

1954年5月に三菱車の販売を目的とする菱和自動車販売が設立された。資本金は5000万円で、三菱重工業と倉敷フレーザーモータースによる出資で、三菱が本格的にジープの販売に乗り出すためにつくられた販売会社である。ウイリス社との契約によって三菱自身が製造権と販売権を獲得したことによって、倉敷フレーザーモータースは解散することになった。

ウイリス社でも戦後になって民間用の販売が中心になったように、三菱でも自衛隊や官庁ばかりでなく、建設業や林業関係者などのユーザーを積極的に増やしていく

最初のモデルチェンジともいうべきJ10型は、ホイールベースは同じだが、オーバーハングが200mm長くなった分居住スペースが大きくなり、乗車定員は6人になった。リア扉は観音開きとなった（下）。

45

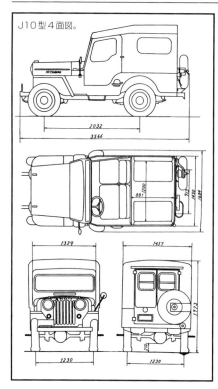
J10型4面図。

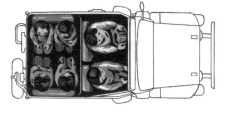

折り畳みのできるウインドシールドは固定でき、リアの扉に取り付けられているスペアタイヤはドアの開閉のじゃまにならない。また後部座席は折り畳み式シートになっている。

ことになった。この年から自動車工業会主催による全日本自動車ショーが開催されたが、翌55年の第二回ショーには国産化されたジープのCJ3B-J3型が出品されている。

　生産台数は1953年と54年はいずれも3000台近くになったが、公官庁や自衛隊関係の需要が一段落した55年は1451台になり、56年は1900台近くになっている。

　生産台数を増やすために、乗車定員を多くしたタイプを新しくバリエーションに加えている。従来からあるキャンバストップのボディを延長してメタルドアにした6人乗りのJ10型及びデリバリーワゴンタイプの2ドア5人乗りのJ11型が新しく登場した。

　J10型は山岳地帯における人員の輸送を目的にして、J11型は山岳地帯も走れる貨客兼用の高級なライトバンとして開発され

たものである。J10型は、最初はJH4型ガソリンエンジンを搭載していたが、KE31型ディーゼルエンジンの完成後はこれを搭載したJC10型も追加されている。J10型は55年9月から、J11型は56年12月から生産が開始された。

　新型ボディが追加されたことにより、J11型の架装が名古屋にある東洋工機と東京にある住江製作所へも発注された。東洋工機はその後三菱傘下となり、現在のパジェロ製造となるが、ジープの生産が一貫して続けられた。一方の住江製作所は1950年代前半にダットサン乗用車のスリフトボディを生産し、軽自動車の先駆的車両として名を残したフライングフェザーを開発したメーカーとして知られている。ジープの車体製作期間は長くなく、次第に東洋工機が中心となっていく。

　1950年代の前半の車体製作は、東洋工機も住江製作所も月産15～20台くらいで、まだ手たたきによる板金作業などでつくられていた。しかし、50年代後半になると生産の合理化も進み、それなりの量産体制が確立していった。

　1957年には三菱ジープの生産台数は4000台近くになり、建

住江製作所で車体を架装したジープJ11C型。

東洋工機で車体を架装したJ11型。

CJ3B-J11型ジープ。

設業26％、林業関係19％、電力関係13％のシェアになっている。用途としては連絡用が多く、運搬用、特殊作業用がこれに次いでいるが、ユーザーが各方面に広がるにつれて、さまざま

三菱ジープとしては初の商用車タイプとして登場したデリバリーワゴン車のフロント及びリアビュー。

フロントシートもジープらしい機能優先のものからJ11型では乗用車のムードのあるソフトなものが装備された。まだ左ハンドル車である。

48

J11型ジープの走破性の良さを強調するためのシーン。

な要望が寄せられるようになり、それに応えるための開発が進められるようになった。また、1959年には国産ジープの生産1万台を記録している。この時代にあって、このタイプの車両の販売としてはかなりのものである。

右ハンドル車の登場

ウイリスジープと同じ左ハンドル車から国内販売のジープが右ハンドルに代わるのは1961年からのことである。これは通産省から輸出仕様の左ハンドル車の国内販売は好ましくないという通達による措置として変更されたもので、ユーザーの要望があってのことではない。このころはジープは左ハンドルと決まっていて、つくる側も乗る側も疑問を感じていなかったようだ。これ以降J3型は右ハンドルのJ3R型となり、ディーゼルエンジン搭載のJC3型はJ3RD型となり、J10型及びJ11型にもRが付くようになった。

2年ほど併売したものの、6人乗りのJ10型は上記の右ハンドル車の登場する前年の60年に、このモデルチェンジといえる一回りサイズを大きくしたJ20型が最初から右ハンドル車としてデビューしている。

1959年には三菱ジープの生産は1万台を突破、1万台目はJ11型の124号車だった。

同様にワゴンタイプのJ11型も61年にJ30型に代わっている。J20型もJ30型も右ハンドルにすることによって前席を3人乗りとして乗車定員をそれぞれ7人と6人に増やしている。また、J30

開発中のJ20型ジープ。このタイプからは国内ではすべて右ハンドル車となった。

三菱ジープの諸元・仕様比較

			スタンダード		人員輸送車		デリバリーワゴン	
			J3型	J3R型	J10型	J20型	J11型	J30型
寸法	全　　長 (mm)		3,388	3,390	3,566	3,685	4,324	4,290
	全　　幅 (〃)		1,655	1,665	1,663	1,670	1,610	1,615
	全　　高 (〃)		1,895	1,890	1,973	1,950	1,886	1,830
	軸　　距 (〃)		2,032	2,032	2,032	2,225	2,642	2,641
	輪　　距 (〃)		1,230	1,230	1,230	1,295	1,230	1,295
	最低地上高 (〃)		210	210	210	210	211	211
	荷台・客室内側寸法	長 (〃)	786	810	881	1,065	920	1,440 (900)
		巾 (〃)	1,385	1,400	1,200	1,255	1,203	1,200
		高 (〃)	1,217	1,217	1,294	1,215	1,160	1,150
重量	車両重量 (kg)		1,056	1,085	1,130	1,265	1,415	1,470
	最大積載量 (〃)		0 (250)	0 (250)	0 (250)	0 (300)	250	250 (400)
	車両総重量 (〃)		1,276 (1,416)	1,305 (1,445)	1,460 (1,490)	1,650 (1,730)	1,940	2,050 (2,035)
性能	乗車人員 (人)		4 (2)	4 (2)	6 (2)	7 (3)	5	6 (3)
	最高速度 (km/h)		95	95	95	95	95	95
	燃料消費 (km/l)		10	9.1	10	10.8	9.1	10.8
	登坂能力 (sin)		0.57	0.57	0.574	0.57	0.574	0.57
	最小回転半径 (m)		5.9	5.9	6.3	5.6	7.0	6.3
	制動距離 (m)		11.5	12.5	13.5	13.5	14.8	13.5
タイヤ	前		6.00-16-6PR		6.00-16-6PR		7.00-15-6PR	
	後		6.00-16-6PR		6.00-16-6PR		7.00-15-6PR	

三菱ジープの誕生とその進化

J11型の2ドア車をベースにしたワゴンタイプのJ30型。

型では3人乗車の場合は400kgの荷物積載が可能になり、それまでの250kgより多く積めるようになっている。このモデルチェンジではフロントフェンダーの形状が若干変わったほかに、最小回転半径がJ20型は5.6mに、J30型が6.3mとなり、回頭性が改善され、ブレーキ性能も向上している。

近年では輸出を考慮して設計の段階からハンドルの位置を左右に変えることはむずかしくないが、ジープの場合は最初から右ハンドルにすることは想定されておらず、困難な作業となったようだ。

まず実車でステアリングギアボックスの変更やロッド類の取り回しなどを検討し、それをもとに図面を作成していった。しかし、現在のように異なる仕様や装備が複雑になっているわけではない点は有利だった。

国産化により登場した特殊用途車

三菱では防衛庁への納入の他に積極的に民間でのユーザー獲得に乗り出し、そのために各種の用途に応じた作業車や消防自動車のような特殊車の生産にも力を入れた。三菱では車体のない裸シャシーをJ6型として生産を1954年から開始、トレーラー用として架装するなどのほかに、各種の作業車のベース車両と

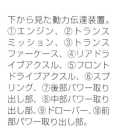

下から見た動力伝達装置。①エンジン、②トランスミッション、③トランスファーケース、④リアドライブアクスル、⑤フロントドライブアクスル、⑥スプリング、⑦後部パワー取り出し部、⑧中部パワー取り出し部、⑨ドローバー、⑩前部パワー取り出し部。

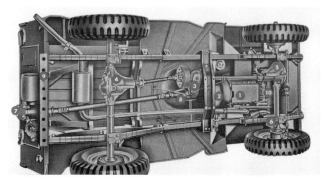

51

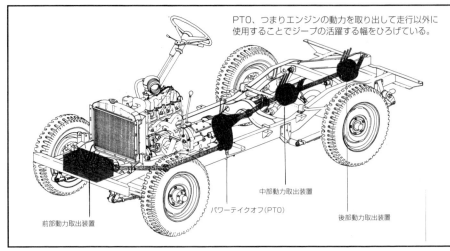

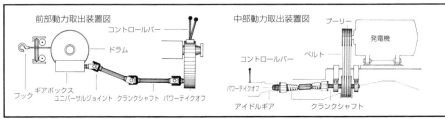

各種の装備を可能にするために走行できるようにエンジンを搭載したシャシーとして生産されたものはJ6型として1954年から生産された。

して提供している。ここで、それらのうち主要なものについてみることにしよう。

・**ウインチの装備** ジープの場合はクランクシャフトからのパワーを駆動に使用するパワーテイクオフ方式なので、ウインチの操作はドライバー席で行う。

三菱ジープの誕生とその進化

前部の動力取出部からの操作で使用するウインチ。

上は除雪に活躍するスノープラウ車。下は土地を掘り起こす作業に使用するジーププラウ車。

動力の反転ができるようにボルグワーナー製の二重フリクションクラッチがウインチハウジングに取り付けられている。

単独行などで脱出不能に陥った場合や荷物の上げ下ろし、牽引による重量物の移動などに利用することができる。

・ジーププラウ車　除雪用のプラウを装着することによって積雪地帯での除雪用として利用できる。また、ジープの後部に動力取り出し装置を取り付けることによって、各種のプラウ（鍬やへらなどの農具のこと）を取り付け、いろいろな作業ができる。

畑などを掘り起こす撥土板式のプラウを装着して農耕用としても利用された。また、アースオーガー車として電柱用の穴を掘るための掘削器を取り付けて機械で作業する車両もあった。これらは油圧によって操作される。

・ジープコンプレッサー車　大岩の削岩を初めとしてコンプレッ

53

後部に農耕用のプラウを装着することによって畑の作業にも使用できた。また、上のようにアースオーガー車にすれば電柱用の穴掘機として使用できた。

サーの作業をジープの機動性を生かして行うもので、空気圧縮機とボンベなどをリアの荷物室に装備している。コンプレッサーは動力取り出し装置から4本のVベルトによって駆動され、高速ターボファンにより冷却される。ガバナーは、エンジンの回転は2400rpmに、コンプレッサーは900rpmに調整されている。電力会社や電電公社、さらには水道やガスの工事など多方面で使用された。

・ジープ・トレンチャー　トレンチとは溝を掘ることで、溝堀機を装着したもの。ガス管や水道管、親ケーブル、暗渠排水溝などの工事用である。後部に配置された動力取り出し装置によって駆動され、減速ギアによって車輪に超低速の推進力を与えることができる。最大で毎時約240メートルのスピードで移動、溝の深さは手動か電動リフトにより変えることができる。トレンチャーはラチェット推進式、ケーブル推進式、電機ブームリフト式、ハイドロリック推進式があり、それらを併用したものもある。

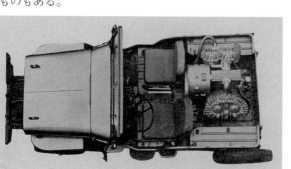

ジープコンプレッサー車は路面の掘り起こし作業を初め削岩機としても使用でき、水道やガス工事、及び鉱山や建設作業に使用された。

三菱ジープの誕生とその進化

ジープ・トレンチャーは小型溝掘機として使用され、溝の深さは電動リフトによって変えられる。右は走行時のもの。

高所での作業や撮影などに使用する梯子作業車。油圧により段階的に伸縮するようになっている。

・**梯子作業車** 昇降する作業台を搭載したジープで、山間地や市街地などの電信や電力の保線や電気工事の作業や映画や新聞社の写真撮影や取材用などに使用されるものである。作業台は700mm×1405mmの長方形の柵付きで、地上から作業台まで高さは5750mm、両サイドに梯子が取り付けられ、2段階に伸びるようになっており、ホイストの伸縮により自動的に高さを調節

55

できる。

・**電弧溶接車** いわゆるアーク溶接できる装置を備えたもので、悪天候や急勾配及び悪路などでの作業を可能にする。各種の製造業やパイプラインの施工、電鉄や電力などの公共事業の作業にスピーディに対応できるものとして利用された。溶接用の40V300Aの直流発電機を搭載し、この電力はエンジンからの動力取り出し装置によっ

アーク溶接機を搭載した電弧溶接車と現場での作業。

放水用のポンプやモーターサイレンなどを備えたジープベースの消防自動車。

56

三菱ジープの誕生とその進化

左はJ3R型の大型鑿岩機、右はJ32型のダンプトラック。

て得られる。

・消防用ジープ　機動性に富んだ小型消防自動車として工場や森林地帯などで利用された。四輪駆動車の走破性を生かし狭い道でも入ることができる上に、急坂や石段も駆け上がることができるので、道路のないようなところでも、現場に接近できるという強みがあった。最大放水量は毎分500ガロン、最高圧力は毎分220ポンド/平方インチ、放水用のポンプを初め、吸水管やポンプ用の計器や消防車としての照明及び警報器などが装備されている。

　このほかにダンプトラックとして架装したものもごく一部あり、キャタピラーを装着した雪上車も豪雪地帯で活躍するなど、ジープの持つ特性を生かした上で、目的にあった作業車にすることで、日本の各地における開発事業に貢献した。

防衛庁向けの特別仕様車の生産

　三菱ジープの基本仕様ともいうべき民需用のJ3型をベースにして防衛庁向けの軍需仕様にしたのがJ4型である。装備をするので車両重量は1250kgになっている。

　J4型は1953年9月から59年5月までの間に8655台が納入されている。これらは部品の国産化が進んでからのもので、エンジンはすべてJH4型である。

　このほかにアメリカ軍域外調達用特需車のJ4C型が1959年か

57

らつくられている。装備の細部に違いはあるが、12V電装ではなく24V電装になっている以外は基本的には同じである。ただし、リアシートはJ3型の1×1の対向式から前向き2人掛けに代わり、ショベルや斧の取り付け装置、ウインドシールドのハンドワイパーやライフホルダーがあり、ヘッドランプガードが取り付けられるなどの違いもある。さらに、ウインカーや後方確認のためのアウトサイドミラーは、J3型ではウインドシールドのフレームに取り付けられていたが、いずれもフロントフェンダー部に代えられている。

　在日アメリカ軍への納入に当たっては、公差や図面内容のチェックから、生産や検査方法、性能保証、購入価格などアメリカ軍の管理方式に合わせなくてはならず、このときも三菱側はかなり鍛えられた。自動車メーカーとして学ぶところが多く、後の設計や生産方式や検査方法などに役立ったという。この在日アメリカ軍調達局からの特需によるJ4C型は1963年までに18000台を大きく超えている。

　1959年から60年にかけて、警視庁からの注文に応じて国家警察庁仕様ともいうべきジープがつくられた。それまでのJ3型などのホイールベース2032mmに対して2220mmと大きくし、車

J4C型ジープ。

三菱ジープの誕生とその進化

防衛庁への納入を待つ完成したJ4型ジープ。

両サイズも一回り大きくしている。これらはJ12及びJ13型と呼ばれているが、このなかには二輪駆動車にしたものも含まれている。このときにサイズアップ車を製作したことが、J10型のモデルチェンジバージョンとなったJ20型のサイズアップの引き金になっているという。

時代が進むにつれて、防衛庁に納入するジープの装備も、その用途によって特殊なものも出現するようになった。各種の砲を搭載するものでは、砲の積み下ろしのためのガイドレールの設置、ウインドシールド中央部の切り欠きの追加、インストルメントパネル中央部の砲身固定装置の設置、砲搭載に伴うスペアタイヤの右サイドへの移設などが行われている。

対戦車誘導弾発射装置搭載車では、インストルメントパネルの左右にランチャー旋回機構取り付けのための大型補強材の追加、標的確認用の眼鏡装置の設置、送信機や分電器の取り付け装置の追加、幌や幌骨の全面改良などが実施された。

１９５９年に製作されたAPA向けのJ4C型ジープ。

1960年代になってからのアメリカ軍の小型四輪駆動車としてはジープに代わってフォードが開発したM151型が採用されるようになっていた。

M151型はフロントがダブルウイッシュボーンタイプ、リアがトレーリングアームタイプの四輪独立懸架になっていた。いずれもサスペンションスプリングにはコイルスプリ

1957年に開発された三菱独自の設計になるジープタイプ車で、左が標準ホイールベースで、右がロングホイールベース車。下はその車両の水中走行のテスト風景。

ングが用いられているが、ジープは前後ともリーフスプリングを使用したリジッドアクスルだった。機動性と耐久性を優先させたもので、乗り心地の良さはあまり考慮されていなかった。

　フォードM151型はモノコック構造になり、車両重量の軽量化も図られており、悪路におけるスピードもジープより10km/hほど高かった。このM151型を参考にして、サスペンションを独立懸架にした上に、四輪ディスクブレーキの採用、デファレンシャルを4点弾性支持方式にしたジープの試作車が開発された。フロントはトーションバー使用のダブルウイッシュボーン、リアはコイルスプリングのセミトレーリングアーム式である。

　このころになると、三菱ではコルト1000やデボネアといった乗用車を市販していたから、これらのサスペンションの開発の経験を生かしたものである。

アメリカ軍で採用されていたフォードM151型四輪駆動車。

　しかし、この乗り心地を重視した試作ジープは生産されずに終わった。後で述べるように新エンジン搭載という課題があり、第4次防衛計画に対応する車体はJ20型と決定し、これへの各種の装備が進められ、ジープより積載量の多い小型四輪駆動トラックの開発も防衛庁から要請されるなどの課題があり、とても新機構にしたモデ

三菱ジープの誕生とその進化

ルの開発まで手がまわらなかったからである。それに、機構的に古くなったとはいえ、改良を加え続けてきたことによる信頼性の確保という強みがジープにはあった。新機構を採用するにはリスクが大きすぎたといえる。

　ジープより一回り大きい2分の1トン積み73式小型トラックはJ20型をベースにして開発が進められた。サイズ的にはほぼJ20型と同じで、機構的な変更としては積載量の増大に伴ってエンジン性能の強化のための新エンジンの搭載、スチールドア

富士の裾野における走行テスト。

三菱社内の浅瀬路の走行テスト。

積雪50センチの路面を突破するJ4ED型。

豊川河中でのテスト中の点検作業。

山岳路における冷却系のテスト風景。

乗鞍スカイラインにおける登坂走行テスト。

4DR1型試作エンジンを搭載した
J4-ED型のエンジンルーム。
フロントウインドウ中央部に砲塔用固定部をもつJ4-M型。

式からキックダウンの付いたサイドパネル式への変更などである。防衛庁からの要望で、ディーゼルエンジンが搭載されることになり、キャンタートラック用に開発が進められていた75psの4DR1型とされた。トランスミッションもジープ用の3速からキャンター用4速を改良したものになり、性能向上が図られた。軍用では給油の不可能な地域での走行も想定されたから、500kmの連続走行がひとつの目標とされた。燃費がよいディーゼルエンジンの採用で、搭載された燃料タンクで530kmを走行して目標をクリアしている。最高速の要求は、従来からのジープ同様に95km/hだったが、パワートレインの性能向上により積載量の増大にも関わらず105km/hになったという。

　渡渉性能としては水深50cmを標準とし、補助装置付きで80cmでの走行を可能にすることが要求された。エンジン関係では噴射ポンプやダイナモを密閉式にし、ブリーザーパイプやレギュレーターの位置を水面上にくるように配置し、80cmの場合はファンベルトを緩めることでこれを可能にしている。50cmでも水に浸かるシートクッション材は含水性の少ないものを使用、水没する投火器や配線コネクターを防水式にしている。水深80cmの渡渉を可能にするため補助装置としてテールパイプを水面上に

ジープをベースにした73式
小型トラックのJ24M型。

62

三菱ジープの誕生とその進化

1973年の4次防納入の標準車J24P型。

106mm無反動砲搭載車のJ24M型。

出すための延長パイプが用意され、その取り付けは簡単である。

このトラックの標準装備として車両用無線機が搭載され、乗員は5人になっている。4分の1トン積みのジープには無線機は装備されない。このほかに大型無線機を搭載して乗員3人にした仕様もある。

ジープでの対戦車誘導弾搭載車では車内がかなり窮屈であったが、サイズが大きくなったこのJ24P型では余裕ができ、安全性や器具の操作性が向上した。対戦車誘導弾搭載車は機能性を発揮して敵に近づきロケット弾を発射させ、有線により誘導して目標に命中させるもので、乗員3名とランチャー2個、スウィングアウト機構、送信機、制御機構などを搭載している。

このほかに負傷した兵士を輸送する救急設備を持った車両や溶接機を搭載した車両などもつくられている。これらは、中型航空輸送機による空輸や空投、大型ヘリコプターへの積載、懸垂などの仕様も想定されており、落下傘による空投に対応して、フレーム下面に強固なハニカム構造の緩衝材を入れ、着地時の衝撃に耐えられるフレーム強度を確保している。

J20型ジープをベースにした水陸両用車も開発されている。水中では石川島播磨重工業製のハイドロリックジェット推進で航行するもので、操作は陸上同様にハンドルによる。タイヤは10.50-16-12という超大型サイズを装着、プロペラシャフトはブーツでシールされた。テストは箱根の芦ノ湖などで行われ、その後木曽川や揖斐川で使用されたという。

SSM-1レーダー車のJ24SR型。

ジープをベースにした水陸両用車と芦ノ湖におけるテスト風景。

　1980年代に入ってからSSM-1レーダー車を防衛庁向けに開発している。SSM（Surface to Sea Missile;地対艦誘導弾）システムの一部であるレーダーなどを搭載して必要に応じて行動できることを目的としたものである。レーダー車以外にも中継する機器を装備した中継車も同時に開発されている。これらの機器の

ジープの空投テスト風景。

64

三菱ジープの誕生とその進化

搭載とそのための車両の改良などが加えられた。東洋工機、後のパジェロ製造でこの車両の開発に協力している。防衛庁向けの車両は、市販車とは異なる特殊な要求に応じるために技術的にむずかしいことや複雑な側面があり、開発でもかなり鍛えられたようだ。

三菱自動車の設立とクライスラー社との提携

　1970年は三菱にとってもジープにとっても、ひとつの節目の年となっている。カイザーフレーザー社からジープの製造権を受け継いだアメリカンモータースの傘下にあるAMCジープインターナショナル社と2月にジープの工業権についての契約をしている。これにより三菱はジープ用エンジンの換装や改良に関する自由度が大きくなった。

　それまで三菱重工業の自動車部門として活動してきたが、1970年6月に三菱自動車工業として分離独立し、営業を開始した。新世代乗用車ともいうべきコルトギャランを前年に出した三菱は、乗用車部門でもトヨタや日産に次ぐポジションを獲得しつつあった。大型バス・トラックから軽自動車までの総合自動車メーカーとして独自の存在となった。日本のメーカーとして軽自動車から大型バス・トラックまで生産していたのは三菱だけである。

　同年10月にはアメリカのビッグスリーのひとつであるクライスラー社とアメリカ合衆国流通契約を結び、これが翌71年5月の資本参加による技術提携契約に発展する。71年から資本の自由化が認められたことによる提携で、三菱自動車がその第一弾としてアメリカの自動車メーカーと積極的に関わりを持つ姿勢を示した。

　製品技術の開発で協力するという側面があったが、クライスラーとの提携によりアメリカ国内での販売をクライスラー社傘下のディーラーで行うことによる三菱車の輸出促進という面も大きかった。トヨタや日産に比較して出遅れた分を取

J3型ジープの輸出用の木箱による梱包。

三菱独自に開発したアストロンエンジン搭載のH-J56型ジープ。

り戻すためでもあった。

　しかし、この契約が次第に三菱にとって足枷となった。販売権をクライスラーに譲ったことにより、三菱が乗用車を独自にアメリカで生産・販売することができなくなり、1973年のオイルショック後、日本車の販売が拡大しても、三菱のメリットは少なかった。1980年代になってクライスラーと交渉して、同社の販売独占権をなくすことになるまで、三菱はアメリカで乗用車の販売をすることができなかったのだ。

　ジープに関しても、三菱が輸出することができるのは東南アジアに限定されていた。

　トヨタや日産では幅広く輸出していたが、三菱は中近東や南アメリカなどの有力市場に進出することができなかった。三菱が自由に輸出することができる四輪駆動車の開発を真剣に考慮するようになったのは、こうした背景もあった。その結果、誕生したのがパジェロであるのはいうまでもない。

三菱ジープの誕生とその進化

H-J56型など新型となったジープのダッシュボードは、初期のものとは大きく変化している。

その後のジープの改良

　1970年に動力性能の向上が図られ、パワフルなエンジンに換装されることになり、2000ccガソリンエンジン搭載の小型車枠のジープも登場するようになった。これを機に改良が加えられ、これ以降のジープはJ50系となった。このときに使用ボルトもそれまでのインチねじからメートルねじに変更された。インチねじなどはとうの昔になくしたかったものだが、在日アメリカ軍との関係もあり、三菱独自に変更することがままならない結果であった。

　ボディに関しては基本構造などの大筋では変更がなく、改良は細部に留まっている。幌のデザインを一新し、幌の脱着性やシール性を向上させ、スタイル的にもすっきりしたものになっている。幌骨の構造も変更され、商品性が向上した。また、騒音を抑えるために遮音材を追加し、フロントドア部のボディとの当たり面にウエザーストリップを追加し、エンジンの変更によるボンネット部の吸気孔

モデルチェンジにともないシャシー関係にも改良が加えられた。サスペンションの改良により、フロントのリーフスプリングの枚数も少なくなった。

H-J56型ジープ。4速フルシンクロミッションとなり悪路走破性が向上した。

の追加などの変更が実施された。

　シャシー関係では、細部にわたる改良が続けられたものの、基本的な機構は一貫している。構造的には同じだが、比較的大きな改良は1977年に行われている。とくに振動や乗り心地、操縦性、整備性を中心としたものである。前後のサスペンションでは、同じリジッドアクスルであるが、リーフスプリングの形状やバネ定数及び枚数の変更、ダンパーの減衰力の変更、取り付け部にゴムブッシュの採用などが上げられる。

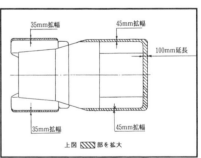

斜線部分が改良時に延長及び拡幅した部分。これはサスペンションなどの変更に伴うもの。

　サスペンションの変更に伴い、フレームの取り付け部を変更し、アクスルに関しても同様である。ボディもこのときに全長や全幅を拡大している。プロペラシャフトは高速走行時の振動や騒音を抑えるための改良が加えられた。

新エンジンへの換装

　エンジンの新型への換装は1970年8月から始まっている。

三菱ジープの誕生とその進化

長らく使用されたFヘッドのJH4型ガソリンエンジンは、圧縮比を6.9から7.4に高めることで最高出力を70psから76psに、最大トルクを15kgmから16.4kgmに向上させていたものの、機構的に古めかしくなり、高速走行への要求に応えるために引退した。代わって搭載されたのはハイカムシャフトOHV型2315ccのKE47型エンジンで、これは小型トラックのジュピタージュニア用1995ccエンジンを拡大したもの。アルミ合金製シリンダーヘッド、ウエッジ型燃焼室、5ベアリングクランクシャフトで、機構的には一歩進んだものであった。この機にジープはJ57、J22、J34、J42型などが発売された。

KE47型ガソリンエンジン。2315cc95ps。

防衛庁向けとしては、第3次防衛力整備計画に基づいたもので、1968年にひと足早く新型ディーゼルエンジンが搭載されていたが、1970年8月にガソリンエンジンとともに、4DR1型ディーゼルに換装された。渦流室燃焼室で圧縮比は20.0、ボア・ストロークは88×98mm、OHV、2384ccで、従来からのKE31型の最終仕様の61ps/3600rpmに対して75ps/3800rpmとなり、同時にボア・ストローク92×100mm、2659ccの拡大されたエンジンも登場した。これは防衛庁向けのJ54Aとともに民間用

下左は2384cc110psの4G53型アストロンエンジン。右は2659cc80psの4DR5型ディーゼルエンジン。

三菱ジープ用ガソリンエンジンの性能・諸元

型式	ボア×ストローク (mm)	排気量 (cc)	弁配置	圧縮比	最高出力 (ps/rpm)	最大トルク (kgm/rpm)	搭載車種	生産時期
ライトニング4型	79.4×111.1	2,199	SV	6.48	60/3,600	14.5/2,000	J1，J2	1953年
JH4	79.4×111.1	2,199	Fヘッド	前期6.9 1960年以降 後期7.4	70/4,000 76/4,000	15.0/2,400 16.4/2,400	CJ3B-J3-J10 -J7,J6他	1953年7月～ 1954年末～国産 化1961～70年
KE47	85×102	2,315	OHV	8.0	95/4,500	17.5/2,800	J52，J22， J34，J42	1970～75年
4G52	84×90	1,995	OHC	8.5	100/5,000	17.0/3,000	H-J58	1975～81年
4G53	88×98	2,384	OHC	8.0	110/5,000	20.0/3,000	H-J56，J26B， J38，J46他	1974～80年
G52B	84×90	1,995	OHC	8.5	100/5,000	16.5/3,000	J-J59	1981～86年
G54B	91.1×98	2,555	OHC	8.2	120/5,000	21.3/3,000	J-J57，J27， J37，J47	1980～86年

三菱ジープ用ディーゼルエンジンの性能・諸元

型式	ボア×ストローク (mm)	排気量 (cc)	弁配置	圧縮比	最高出力 (ps/rpm)	最大トルク (kgm/rpm)	搭載車種	生産時期
KE31	79.4×111.1	2,199	OHV	19.0	61/3,600	14.0/2,200	JC3，JC10， J3RD(RHD)， J20D，J30D	1958年7月～ JH4ディーゼル化
4DR1	88×98	2,384	OHV	20.0	75/3,800	16.5/2,400	J54A	1968～70年
4DR5	92×100	2,659	OHV	20.0	80/3,700 (1972 年までは75PS)	18.0/2,200 (1972 年まで16.5/2,200)	J54，J24H， J36，J44他	1970～83年
4DR6 (直噴ターボ)	92×100	2,659	OHV	17.5	94/3,500	21.0/2,000	P，S-J53他	1986～94年
4DR5 (渦流式ターボ)	92×100	2,659	OHV	21.5	100/3,300	22.5/2,000	KB-J55他	1994年 ～

のJ24、J36、J44、J54型などに搭載された。

　ガソリンエンジンに関しては、1975年から排気ガス規制が厳しくなるのに伴って、乗用車用として使用されていた4G5型アストロンエンジンをベースにして2384ccの4G53、1995ccの4G52型に切り替えられた。いずれもOHC半球型燃焼室をもったエンジンで、燃費性能も向上している。

　4G52型は4G53型のエンジンの縮小版で100ps、これにより小型車規格のジープが誕生している。これがH-J58型で、サイズ的にはジープは一貫して小型車の枠内だったから、普通車クラスのH-J56型と基本的には同じ車体である。

　1981年からは、この2000ccエンジンをベースにして排気ガス

三菱ジープの誕生とその進化

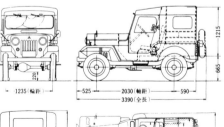

H-J58型ガソリンエンジン搭載車。2人乗り250kgまたは4人乗り。小型車枠のエンジン搭載以外はH-J56型と同じ。

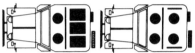

H-J56（ガソリン）及びJ54（ディーゼル）型。2人乗り250kgまたは4人乗り。

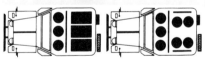

H-J26（ガソリン）及びJ24（ディーゼル）型。3人乗り300kgまたは7人乗り。

の浄化のためにMCA-JETシステムを採用したG52B型及びG54B型となったが、1986年にガソリンエンジン車は生産が中止された。

ディーゼルエンジンが主流となったが、80年代の高性能化の要求の高まりに応えるために、1986年からディーゼルエンジンの

71

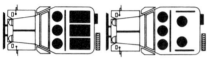

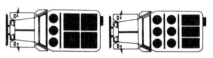

H-J26H型。ガソリンエンジン搭載。3人乗り300kgまたは5人乗り。

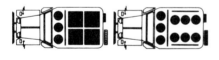

H-J46（ガソリン）及びJ44（ディーゼル）型。3人乗り400kgまたは9人乗り。

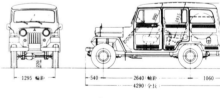

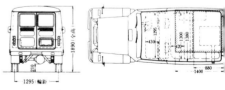

H-J38（ガソリン）及びJ36（ディーゼル）型。3人乗り400kgまたは6人乗り250kg。

ターボ仕様が登場している。パジェロの発売以来、ジープの中心は防衛庁向けとして生産されるようになったが、公道を走る機会もあることから、一貫して排気規制などのクリアを達成していた。最終仕様となった4DR6型のインタークーラー付きディーゼ

ルターボエンジンも、平成5年排出ガス規制に適合させている。電子制御EGRを採用し、燃料噴射系や吸気系の改良により、窒素酸化物やパティキュレートの排出量を低減させた。

ジープからパジェロへ

　決して多くのユーザーを獲得したとはいえなかったとしても、機構的には大きな変更もなく50年近くつくられ続けたジープは、アメリカから日本に移植され、日本の地に根づいたものとなった。もとはといえば、軍用オフロード車として開発されたものだから、平和な時代のクルマとして時代の流れの中にとり残されるものとなったのはやむを得なかった。しかし、ジープはその頑固さゆえに愛好者もいた。

　エンジン音は大きく、振動も強烈であり、乗り心地は悪いものだった。加速もよいとはいえず、走行中の風切り音は大きく、

三菱ジープ主要諸元表

型式	エンジン	仕様	全長 (mm)	全幅 (mm)	全高	ホイールベース (mm)	トレッド (mm)	定員	積載量	車両重量 (kg)	生産期間
CJ3A-J1	L4	林野庁向CKD車	3275	1635	1772	2032	1226	4	2+250	1159	1953.2～3
J2	L4	保安隊向CKD車	3343	1453	1772	2032	1226	4	2+250		1953.3～9
CJ3B-J3	JH4	4人乗貨客兼用車	3275	1647	1752	2032	1226	4	2+250	1056	1953.7～1960.12
JC3	KE31	J3のディーゼル車	3388	1655	1895	2032	1230	4	2+250	1170	1958.7～1970.7
J4	JH4	保安隊向（6V）	3343	1452	1839	2032	1226	4	2+250	1250	1953～
J10	JH4	6人乗貨客兼用車（幌ドア）	3566	1665	1975	2032	1230	6	2+250	1130	1955～
J11	JH4	5人乗バン型貨客兼用車	4324	1610	1886	2642	1230	5+250	2+400	1415	1956～
ジープJ3R	JH4	4人乗貨客兼用車	3388	1665	1895	2032	1230→1235	4	2+250	1050	1961.8～1974.3
J20	JH4	7人乗貨客兼用車	3685	1670	1950	2225	1290→1295	7	3+300	1250	1960～
J21	JH4	7人乗左ハンドル貨客兼用車	3685	1670	1950	2225	1295	7	3+300		1962～
ジープJ30	JH4	6人乗バン型貨客兼用車（2ドア車）	4281	1664	1886	2640	1290	6+250	3+400	1470	1960～
J32	JH4	9人乗貨客兼用車	4100	1670	1950	2640	1295	9	3+400	1340	1962～
ジープJ54-A	4DR1	防衛庁向標準車	3330	1595	1850	2032	1235	4	2+250	1270	1968～
ジープJ54	4DR5	4人乗貨客兼用車	3390	1665	1905	2030	1235	4	2+250	1205	1970.11～
J52	KE47	4人乗貨客兼用車	3390	1665	1905	2030	1235	4	2+250		1973.3～
J34	KE47	6人乗バン型貨客兼用車	4290	1620	1890	2640	1295	6+250	3+400	1515	1973.3～
ジープJ56	4G53	J52をベースにエンジン換装	3490	1665	1920	2030	1300/1300	2 (4)	250(0)	1130	1974～80
J55	4DR52	〃	3455	1665	1910	2030	1305/1305	2 (4)	250(0)	1370	1994～
J25A	4DR52	〃	3750	1655	1950	2225	1300/1300	2 (6)	340(0)	1540	1994～

73

クラッチをはじめとするペダルの操作も容易でなく、真っ直ぐに走らないといえるようなスタビリティ性能であった。前後ともリジッドアクスルとリーフスプリングの組み合わせで高速走行では不安定となった。AT車はなく、空調設備も全くの不備

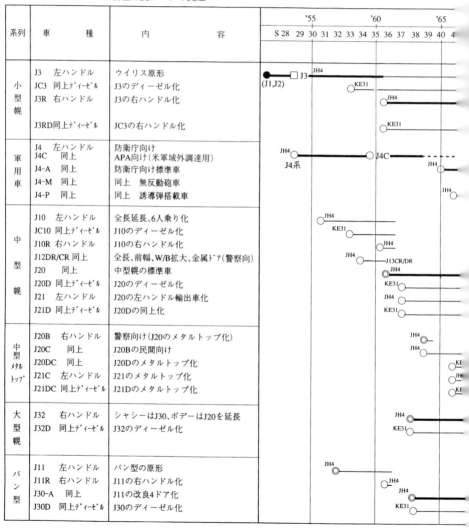

各種三菱ジープの変遷

三菱ジープの誕生とその進化

で、燃費もよくなかった。ブレーキも古めかしくなったドラムブレーキであり、整備性や修理を容易にするためにボルトで締結された部品が多く、精度のよくないボディ構造だった。

オフロード車として視界をよくするために高い乗用姿勢となり、コンパクトでとりまわしがよく、軍隊の行軍の歩行スピ

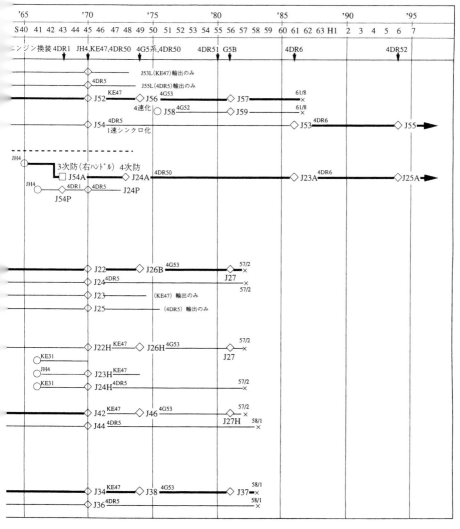

75

三菱ジープの最終バリエーションの各車。J27HやJ37型、J47型などが並ぶ。

ドで長時間走行することが可能となるトランスファーなど、軍用ジープとしての利点は、民間用としてみれば容易に欠点となる性質のものでもあった。

　今なおジープを愛好する人たちは、こうした一般ユーザーからみれば欠点といえる特徴こそがジープの良さであるという。そうした人たちは、改良されたタイプより、原型に近ければ近いほどよいという硬派である。

　長い間にわたって生産し続けた三菱の技術者は、こうした欠点を身に染みて感じており、それをベースにして新しい時代のあるべき四輪駆動として1982年にパジェロを発売した。パジェロはアフリカの砂漠を走るアドベンチャーラリーであるパリ・ダカールラリーで活躍して人気を得た。パリ・ダカールラリーを走るパジェロは、タフで耐久性があるように見えるが、こうしたイベントは平和な時代だからこそ開催されるものである。ジープが誕生した時代と、パジェロが誕生した時代の違いが、そのまま両車の違いを表している。そして、ジープでの積み重ねがパジェロによるRVブームのもとをつくることになったといえるだろう。

トヨタランドクルーザーの誕生とその輸出

特需の恩恵とトヨタジープの開発

　トヨタの小型四輪駆動車であるランドクルーザーが誕生するのは1951年のことであるが、その1年ほど前のトヨタ自動車は、経済的混乱のなかで苦労をしていた。それを救ったのは、朝鮮戦争によるアメリカ軍の特需である。

　トヨタでは、1950年7月から51年3月までに4679台の軍用トラックを受注した。これは1年間の全売り上げの半分以上を占める金額の特需であった。その上、国内の警察予備隊からの車両契約という特需もあり、51年6月までに950台のカーゴトラックやダンプトラックを納入している。その金額は合計で10億円を超えているから、朝鮮戦争による特需とあわせると46億円以上となる。

　これにより、50年6月までは赤字が続いていたものの、一転して8月からは黒字となり、その後も利益を計上し続けた。

　経営的な余裕ができたことにより、その後の発展につながる設備投資と新型車両の開発などが可能になった。

警察予備隊からの要請によりトヨタで開発したジープタイプ車。

戦時中に陸軍技術本部と共同で試作したトヨタAK10型。バンタム社製のジープを参考に開発された。

　警察予備隊の創設を機に輸送用のトラックを納入したトヨタに、ジープと同じような四輪駆動車の開発に関する打診があった。機動力とオフロードの走破性のある小型四輪駆動車は、内陸での軍隊には欠かせないもので、アメリカ軍が使用しているジープに代わる車両を急遽つくることになった。しかも、開発に費やす時間は限られていた。すぐにも必要とされていたか

トヨタランドクルーザーの誕生とその輸出

ら、警察予備隊の要請は、開発を始めてから半年足らずで試作車を完成させるようにという慌ただしいものだった。

トヨタにとって幸いしたのは、戦時中にこの種の四輪駆動車をつくった経験を持っていたことだった。アメリカのバンタム社製のジープを参考にして陸軍の技術本部と共同設計したAK10型を完成させており、四輪駆動に関する技術の蓄積や研究があった。障害は時間がないことだった。

それぞれの部品を最初から設計していたのでは、試作車の完成までに時間がかかってしまうし、開発のための資金も膨大なものになる。そんなリスクを回避するには、現用車の部品をできるだけ流用することである。トヨタ製ジープの開発でも、この方法が用いられた。

この当時のトヨタがもっていたエンジンは、1000ccサイドバルブ式のS型と3386ccOHV式のB型だった。直列4気筒のS型エンジンは小型トラック及び乗用車用であり、直列6気筒のB型エンジンは中型トラック・バス用だった。二者択一となれば、必然的にパワーのある大排気量のB型にならざるを得なかった。ウイリス製ジープのエンジン排気量は2000ccをわずかに超えた程度であったから、6気筒という全長が長くなるハンディキャップはあったとしても、3000ccを大きく超えるトヨタB型エンジンは強力なものだった。

このB型エンジンは、トヨタの創業期にまでさかのぼれる伝統的なエンジンで、長年にわたって改良し続けたものである。1932年型シボレーエンジンを参考にして開発され、機構的にはほとんど同じものになっている。この当時は

中型トラックBM型などに搭載されていたB型エンジンが使用された。出力は当初82psだった。

最初はトヨタジープという名称で市販されることになった。形式名はBJ型である。

エンジン技術の発展期でサイドバルブエンジンからOHV型に移行し始めており、シボレーは率先して新技術を採用していた。しかし、第二次世界大戦によって技術進化が中断したために、戦後になってもサイドバルブ式エンジンとOHV式エンジンが並立する時代が続いていた。したがって、トヨタで戦後に新しく開発したS型エンジンのほうが機構的には遅れたものになっていた。

この時代のエンジンに対して要求されたことの第一は、トラブルを起こさないこと、つまり信頼性と耐久性の確保だったから、長い間使用されたB型エンジンは不具合を出し切り、性能向上の手も打たれており、最も安心できるエンジンといえた。

シャシーに関してはSB型トラックのものが流用された。中型トラックとともに小型トラックSB型はトヨタの主力製品であり、悪路でも耐久性のある車両になっていた。

当時の日本は未舗装路が多く、乗り心地よりも頑丈なことが優先されていた。戦後すぐにトヨタは、独立懸架の進歩的な機構を持ったSA型乗用車を開発し、販売を開始したが、乗り心地や高速性能に優れていても、信頼性に欠けていたために販売

次ページの上の左及び下の図はリーフスプリングと油圧単動式のショックアブソーバーで構成されるリアサスペンション。右の上及び下の図は同じくフロントで、リア同様に全浮動式のデフを持つ。

トヨタランドクルーザーの誕生とその輸出

梯子型フレームに小型トラックSB型のシャシー部品を流用するなどして構成された。

台数は多くなかった。もちろん、乗用車の市場が小さかったこともあるが、この時代に要求された頑丈さがなかった。
　この反省の上に、信頼性を優先した機構のトラックSB型を

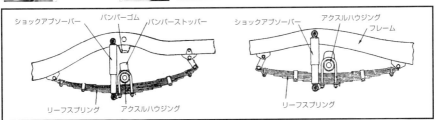

81

開発した。サスペンションは前後ともリーフスプリングのリジッドアクスルで、梯子型のフレームというトラックシャシーの常道ともいうべき機構である。

フレームの断面形状はコの字型をしたもので、強度と剛性を上げるためにフレームの上下寸法は大きくなり、その分フロア位置が高くなった。このフレームを用いて乗用車のボディを架装したSD型乗用車やこれに改良を加えたSF型乗用車などがつくられ、タクシーなどに使用された。まだ乗用車専用のシャシーを開発するほどの市場規模ではなかったから、こうした乗用車しか日本にはなかった。

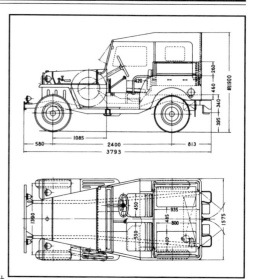

トヨタBJ型2面図。

SB型トラックは1947年から販売されており、改良が加えられて信頼性を確保していた。パワーやトルクのある排気量の大きいエンジンとの組み合わせにも耐えられる強度があることから流用された。

細部にわたっては、四輪駆動車用にアレンジしたところはあったが、主要な部品であるエンジン関係とシャシー関係部品を共用化できたことは、開発の時間や費用を節約できた上に、信頼性も確保したことになる。

トランスミッションやデファレンシャルギア比などは、ジープより使いやすくなるよう配慮され、前後輪への動力の分配は副変速機を用いて行うものである。試作車が完成したのは1951年1月で、開発開始から半年足らずのことだった。

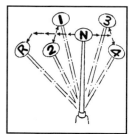

ミッションは前進4段で、シフトパターンはH型。

トヨタジープBJ型の発売

同様に四輪駆動車を完成させた日産のジープタイプ車と、トヨタジープ、それにアメリカ製のジープとの3車が警察予備隊

トヨタランドクルーザーの誕生とその輸出

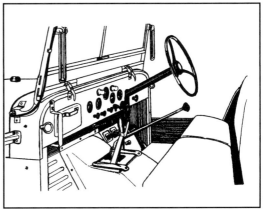

トヨタジープのコクピット。シートのクッション性をよくしている。

のテストを受けることになった。トヨタジープは直列6気筒B型エンジンを搭載していることもあって4気筒エンジン搭載のウイリスジープに比較するとホイールベースは370mm近く長い2400mmとなっていた。

全体的にも一回り大きいサイズで、その分車両重量も大きくなっている。それを補うのが82psの強力エンジンで、ジープよりトルクフルだった。

この3車による1951年8月の富士山への登坂走行は語り草になっていたが、トヨタジープは6合目まで上っていき、悪路の走破性で本家のジープを凌ぐほどの性能を示した。登坂能力が44度もあり、最高速度は95km/hを記録した。

トランスミッションの後部にあってホイールに駆動を伝えるトランスファー。運転席にあるレバー操作で前輪の駆動力をオンオフするのはジープタイプ車に共通。

しかし、結果として警察予備隊やその後の保安庁で採用したのはウイリス製ジープを国産化した三菱ジープだった。占領軍からウイリス製ジープを譲り受けることになり、メンテナンスのことを考慮すれば、ジープを引き続き使用する方が問題が少ないのは明らかである。

このため、トヨタジープの受注はならなかった。わずかに警察庁などのパトロールカーとして1954年までに350台採用されたにすぎなかった。

83

そこで、民需用として市販することになった。小型トラック及び乗用車、中型トラック及びバスだけだったトヨタ製車両として、トヨタジープが新しく加わったことになる。乗車定員4名または2名プラス最大積載量230kgの貨客兼用車である。

四輪駆動を生かした特殊用途車とともに、土木作業や山間地での輸送などの車両としての売り込みが図られた。

トヨタジープが一般にお披露目されたのは1951年8月1日と比較的早い時期である。モデルチェンジされた中型トラックBX型の東京における大がかりな発表展示会でのことだった。BX型は1950年8月に発表される予定だったが、労働争議とその後の朝鮮戦争による特需車の生産を優先させて発表が遅れたものである。

上は1951年8月の富士登山による走行テスト時のもの、そのほかはさまざまな路面での走行テストを実施したときのもので機動性と悪路走破性の確保につとめた。

この発表会にはトヨタのつくる全車種が勢揃いし、3日間で延べ20万人が訪れたという。このときにトヨタジープや保安隊用に開発されたウエポンキャリヤーも展示されている。

トヨタジープの販売を伸ばすために、トレーラー車や消防自動車がつくられた。山間地用の消防車としては小回り性の良いオート三輪車がよく用いられていたが、この放水量が1分間に150ガロンであるのに対し、高圧バランスタービンポンプを装備するトヨタジープは500ガロンであることが強調された。

また、最初のカタログには「銀行ではジープに無線を取り付け万全を期して現金輸送も行っている処もあり、珍しい方面では快速と登坂力の大きい利点を生かして、温泉地遊覧ハイヤーとして登山で遊覧客の眼を楽しませた上、温泉に送り込んでい

84

トヨタランドクルーザーの誕生とその輸出

るものもあります」とある。
　ジープ無線車の無線機は周波数変調方式の無線電話装置で、後部シート下に無線機ケースと電源ケースがおかれ、制御器や

トヨタジープという名称からトヨタBJ型になった際にエンジン出力は85psに引き上げられた。

左がBJ型無線車、電話タイプの受話器を装備したコクピット。下は高圧バランスタービンポンプを装備した消防車。

スピーカーやハンドセットなどはメーターパネル上に配置されている。電気系統には雑音防止装置が取り付けられ、バッテリーも無線機の電源を兼ねるように容量の大きいものになっている。

　トヨタジープはBJ型と称されたが、トヨタ車の形式名は、最初に搭載されるエンジン形式がくるようになっており、B型エンジンを使用しているジープの意味である。S型エンジン搭載の最初の乗用車がSA型で、以下S型エンジンを搭載した車両が開発された順にSB、SC、SDと続いている。

　無線車はBJR型、連絡車はBJT型、消防車はBJJ型と呼ばれ、

BJ型トレーラー。

トヨタランドクルーザーの誕生とその輸出

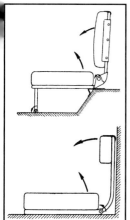

パイプ溶接構造のシートはボルトでフロアに固定される。フロント（上）もリアも折り畳めるようになっている。

1951年から55年までの各車の販売台数は、それぞれ203台、232台、253台となっており、このほかにF型エンジンを搭載した消防車FJJ型が186台販売されている。

このBJ型は1953年から量産されるようになり、最高出力もこのときには82psから85ps/3200rpmに性能アップされている。これにより日産パトロールと同じ出力になった。

また、1954年からはジープという名称がウイリス車及び提携した三菱以外で使用することが許されないことが判り、ランドクルーザーという名称になった。

最初のモデルチェンジ

トヨタが海外のメーカーと提携せずに国産乗用車を開発する方針を立て、トヨペットクラウンの開発をスタートさせたのは1952年1月のことで、この頃から日本でもメーカー間の競争が激しくなる気配を見せるようになった。

そんななかでトヨタジープの生産と販売が細々と始まったが、三菱がウイリスオーバーランド社との提携により国産化を開始し、日産でもパトロールを発売し、期せずして同型車両が市場に出てきた。そのため、消防自動車の分野を例にとっても、各地の消防署への売り込みが各社の間で同時に行われることもあった。

このため、トヨタでは急遽排気量の大きいF型エンジンを搭載したものをつくるなどしたが、こうした競争に勝ち抜くためにも、各種の特装車両への改良をしやすくするためにも、発売して数年もたつと大幅な設計変更をする必要性を感じていた。当初の警察予備隊への採用を考慮した機能性を優先した軍需用車両から、民間用の四輪駆動車にするという方向転換のためにも改良したほうが得策だった。

サンプル的に輸出した結果、ランドクルーザーの輸出の可能性は大きいという判断を下し、国際的な競争力をアップさせる意味からもモデルチェンジの必要性が高まった。

モデルチェンジされてランドクルーザーはBJ25型及びFJ25型となった。

　1955年は、トヨタからは最初の乗用車専用シャシーとして開発されたトヨペットクラウンが発売された年だが、BJ型のモデルチェンジのための設計計画のスタートが切られた年でもある。そのきっかけとなったのが警察庁からの100台の捜査用車両の発注であった。
　BJ型との主要変更点は、車両寸法からボディ形状などのスタイル、サスペンション仕様、トランスミッションなど多岐にわたっている。
　大きな変更点として上げられるのは、ホイールベースを2400mmから2285mmと短くして機動性の向上が図られたことだ。これに伴ってエンジンの位置を従来より120mm前進させ、室内空間の確保を図っている。前席は200mm前方になり、メーターパネルも125mm前になり、ステアリングホイールは150mm前進し、ペダルの配置も変更されている。前席のパッセンジャーシートは従来は400mmとドライバーズシートと同じ幅だったものを470mmにすること

幌をはずしたFJ25型。

トヨタランドクルーザーの誕生とその輸出

によって、法規上は 2 人掛けであるが、前席に 3 人乗車することを可能にしている。室内の面積は前後 200mm、幅 100mm 大きくなっている。スタンダードタイプのホイールベース 2285mm 以外にロングホイールベースの 2430mm タイプも追加された。

　車両の寸法は計画段階から決められており、それに基づいて車両のデザインが進められた。まだ、工業用粘土を用いたスタイリングの検討が実施されていない時代で、つくられたのは 5 分の 1 の木型模型である。これをもとにスタイリングが検討された。結果的に、フラットだったボンネット部分に丸みが付けられ、ヘッドライトはフェンダー先端の上部に取り付けられていたものが、フロントマスクの中に埋め込まれるタイプになった。また、フロントフェンダーは前方もタイヤをわずかにカバーする形状に変更され、ラジエターグリルのデザインも一新された。フロントウインドウは従来は 2 枚のガラスに分割されていたが、1 枚板の安全ガラスになり、カウルと一体式にして、密閉式にしている。一直線だった前後

フレームは強度や剛性を落とさない範囲で軽量化が図られ、サスペンションなども乗り心地をよくするようにリーフスプリングの枚数も減らし、比較的柔らかい仕様に変更された。

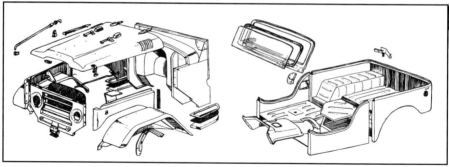

上はBJ25型のフロント及びリアボディ。メーターパネルも左のように新しいデザインとなり、シートも乗用車に近いクッション性のよいものとなった。下は前後のシート形状とその骨格部分。

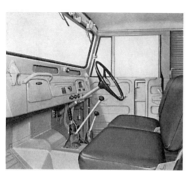

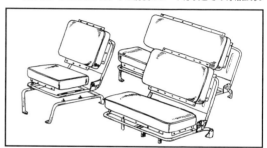

のバンパーも緩い曲がりのあるものになり、メーター類のデザインも一新され、コンビネーションタイプが選択された。シートもクッション性の良いものになった。

　4速のトランスミッションも3速とトップはシンクロメッシュ機構を採用して操作性を向上させた。これは時代の要求であり、乗用車を中心に次々と採用されるようになり、やがてフルシンクロになっていく。

　サスペンションは機構的には変わりないものの、リーフスプリングは前9枚・後10枚だったものがスプリングのスパンやバ

警察庁へ納入されるものはフロントガラスは前倒式でなく固定されたが、市販車はジープ同様前倒式だった。

ネ定数を変えて、前後とも4枚にしている。耐久性を損なわない範囲で乗り心地の向上を図ったもので、フレームとの取り付け部にはクラウンで採用されたゴムブッシュが取り付けられ、乗り心地がよくなっている。ブッシュの形状は異なるが、クラウンで耐久性が確保できたことを実証したことにより自信を持っての採用であった。

フレームに関しては従来型を踏襲しているが、ホイールベースの変更などにより、細部で設計変更されている。エンジンの搭載位置やステアリングホイールの位置の変更により、クロスメンバーの位置の変更やパイプが用いられ、取り付け方法が変更されるなどしている。

ボディに関しては生産性の向上を図りながら、ボディ剛性を上げることに力点が置かれている。ボディの捻れを防いで本来の走行性能を発揮できるよう配慮された。

ウイリスジープの影響から脱し、トヨタの四輪駆動車として独自性を発揮したものになったといえるだろう。

1956年のモデルチェンジにより、トヨタランドクルーザーはBJ25型になった。このときのB型エンジンは依然として85psだったが、輸出仕様の場合はさらに性能向上したものが有利であるという判断から、排気量の大きいF型エンジンが搭載され

排気量アップを図り、125psとなったF型エンジン。B型に代わりランドクルーザーの主力エンジンとなった。

るようになり、1年後にはFJ25型が主力となった。もちろん、機構的には変更はない。F型エンジンはB型をボアアップしたもので、ボア・ストローク90mm×101.6mm、3878ccとなり、圧縮比7.5、最高出力125ps/3600rpm、最大トルク29kgm/2000rpmであった。

ランドクルーザーFJ28型。これはロングホイールベース仕様で、ショートはFJ21型となった。右の2面図も同様である。

ランドクルーザーの輸出が活発に

1955年に発売したクラウンの販売が好調なことで、トヨタ車の輸出に対する期待が高まってきた。もともと輸出マインド傾向が強いのが日本の製造業の大きな特徴であるが、自動車メーカーは特に強い方だった。本命が乗用車であるという意識が強かったから、クラウンの登場は、ようやく輸出できる製品を持ったということで、トヨタ自販を中心にした動きが活発になった。

自動車王国であるアメリカへの輸出は長年のトヨタの夢であった。トヨタ自販は輸出に関する手続き、販売店の選出から販売方法まで、すべて他人任せにせずに独力で開拓していった。1957年10月にロスアンゼルスにアメリカトヨタが設立され、クラウンの販売が開始された。

しかし、国内の未舗装路での走行を配慮して耐久性を重視して設計したクラウンは、高速走行が得意ではなかったからハイウェイではまともに走ることができずに販売を伸ばせなかったのである。

アメリカへの輸出の基盤をつくろうとするトヨタのもくろみ

トヨタランドクルーザーの誕生とその輸出

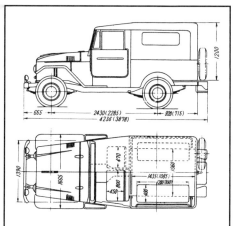

中央は幌付き貨客兼用車をベースにハードトップにしたタイプのFJ28V型。下はライトバンのFJ28VA型。

は崩れ、アメリカからの撤退まで考慮せざるを得なくなった。ここでアメリカでの販売をつなぎ止めたのがランドクルーザーの存在だった。クラウンは良くないが、ランクルはすばらしいという意見が聞かれ、アメリカで販売できるクルマを持ったことで完全撤退を免れた。これにより、後に大きく輸出を伸ばすことになるコロナRT40型やカローラの登場まで持ちこたえた。

トヨタ自販が、ランドクルーザーの輸出が期待できると判断したのは、ライバルとなる車両より有利な点があることだった。有力ライバルはウイリスジープとイギリスのランドローバーであった。ランドクルーザーは排気量の大きいエンジンを搭載し、走破性にも優れていた。ランドローバーは77psで車両重量1315kg、ジープはこの時点で70ps・1056kgであった。パワーウエイトレシオで比較すれば、125ps・1500kgのランドクルーザーが勝っていた。

南米のアンデス地方での学術調査の足として活躍するランドクルーザー。

大排気量エンジンしかなかったので、これを搭載することになったわけだが、それが結果としていい方向になったといえる。こうした他のジープより性能がよいことがランドクルーザーの特徴だった。

　ランドクルーザーを輸出拡張のための突破口にすることになった。1956年には東京大学のイラン・イラク遺跡調査団の足

南アメリカのブラジルにおけるランドクルーザーはバンデランテという名称で現地に根付いていった。

= トヨタランドクルーザーの誕生とその輸出

左はエジプトでのランドクルーザー、右はメキシコでのもの。トヨタの主力輸出車として活躍した。

としてランドクルーザー4台が提供され、その活躍が話題となり、南米のアンデス地方の学術調査のためにも提供された。ジェトロ（日本貿易振興会）による第一回見本市船日昌丸が東南アジア各地に寄港し開いた見本市にトヨタは、クラウンとともにランドクルーザーを出品した。

最初は東南アジア中心だったが、次第に中近東や中南米の各国に輸出されるようになった。ランドクルーザーの輸出台数は、1955年98台、56年518台、57年2502台と増加し、58年2815台、59年2689台となり、トヨタの輸出台数の半分近くを占めることさえあった。

折りから産油国として発展していたベネズエラでは、市場を支配していたウイリスジープを圧倒する売れ行きを示すようになり、ウイリスではジープがこの種のクルマの本家であると巻き返しに懸命となった。しかし、ランドクルーザーは販売を増やしていった。中南米ではメキシコを筆頭にコロンビア、ベネズエラ、キューバ、ブラジル、ボリビアなどで販売実績を上げている。

すべてが順調にいったわけではなく、こんなこともあった。1958年にはコロンビアでランドクルーザーの現地組立計画が具体化し、年間1000台近く生産することになった。トヨタ自販の神谷正太郎社長が現地に赴き、コロンビアの大統領が別荘に神谷社長を招待するなどなごやかななかに工場の生産準備が進められることになったが、神谷社長の帰国後1週間でクーデター

が発生し、大統領は国外に逃亡して計画はお流れとなったのだった。

　いずれにしても、乗用車の輸出が盛んになる1960年代の中盤までのトヨタの輸出の牽引力になったのは、オフロードでの走破性に優れたランドクルーザーであった。初代クラウンが評判が良くなかったアメリカでは、信頼性の高いランドクルーザーは、同じトヨタがつくったクルマとは思えない、といわれるほどだった。

1960年にランドクルーザーの新型が登場、ＢＪ40型及びFJ40型となった。輸出は60年代に入りさらに伸張した。

その後のランドクルーザーの改良

　輸出の拡大に伴って、さまざまな要求に応えようと、その仕様もバラエティのあるものになった。スタンダード車ともいう

A　　B　　C

リアは3種類あり、Aはゲートが下開きで幌は巻き上げ式、Bはゲートが観音開きで幌は巻き上げ式、Cは観音開きのドアとなっている。

トヨタランドクルーザーの誕生とその輸出

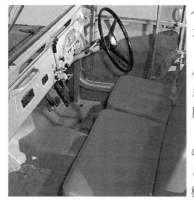

FJ40型はホイールベースが異なる3種類が用意され、乗車定員は7名または3名+400kg積み。コクピットも乗用車ムードになった。

べき幌付貨客兼用車以外にハードトップやライトバンがラインアップされている。

　FJ28V型といわれたハードトップは必要に応じてハードトップが幌付と同じように取り外すことができるようになっている。定員2名の場合は500kg、定員5名の場合は350kgの荷物が積載できる。

　FJ28VA型といわれるライトバンはオールスチールの一体型ボディとなり、乗用車ベースのライトバンと同じようなムードのものとなっている。2ドアが標準だが4ドアタイプもオプションで設定されている。これらは、いずれもホイールベースが2430mmのロングタイプが用いられている。

　1960年に40系が登場するモデルチェンジに当たって、ホイールベースはショート、ミドル、ロングとバリエーションが豊富となった。ディーゼルエンジン搭載車も登場し、カローラに代表される乗用車と同様に選択の幅が広がっていった。ラジエターグリルのデザインなどの変更があったが、基本的なスタイルはほぼそのままである。ただし乗車定員は前席2名だった

97

ミッションは前進3段の2・3速シンクロメッシュのコラムシフト、トランスファーも2スピードになった。左は上から2ドアライトバン、ピックアップトラック、ウインチ付き作業車。

ものが3名となり、荷物を積まない場合はスタンダードの貨客兼用車では7名となっている。サスペンションに関しても機構そのものは同じだが、リーフスプリングの形状やバネ定数が見直され、操縦性や乗り心地の向上が図られている。

細部にわたる見直しで軽量化が図られ、同じF型エンジン（125ps）を搭載しながらFJ40型では最高速度が135km/hに引き

上はBJ40型、下左はBJ40V型、下右はFJ56V型、それぞれマイナーチェンジを受けた。

トヨタランドクルーザーの誕生とその輸出

トヨタランドクルーザー主要諸元

諸元＼車種		BJ型	BJ25型	FJ40型
寸法	全　長 (mm)	3,793	3,838	3,840
	全　幅 (〃)	1,575	1,665	1,665
	全　高 (〃)	1,900	1,850	1,950
	ホイールベース (〃)	2,400	2,285	2,285
	トレッド　前 (〃)	1,390	1,390	1,404
	〃　　後 (〃)	1,350	1,350	1,350
	最低地上高 (〃)	210	210	200
重量	車両重量 (kg)	1,425	1,425	1,480
	乗車定員 (名)	2 (+230kg)	4	3 (7)
	車両総重量 (kg)	1,765	1,645	2,045 (1,865)
性能	最高速度 (km/h)	99	99	135
	登坂能力 (sin θ)	0.697	0.722	0.72
	最小回転半径 (m)	5.5	5.3	5.3
エンジン	型　式	B型直列6気筒	B型直列6気筒	F型直列6気筒
	シリンダー内径×行程 (mm)	84.1×101.6	84.1×101.6	90.0×101.6
	総排気量 (cc)	3,386	3,386	3,878
	圧縮比	6.4	6.4	7.5
	最高出力 (ps/rpm)	85/3,200	85/3,200	125/3,600
	最大トルク (kgm/rpm)	22/1,600	22/1,600	29/2,000
	ジェネレーター	6V－240W	6V－240W	12V－216W
	スターター	6V－0.8ps	6V－0.8ps	12V－1.4ps
	バッテリー	6V－120AH	6V－120AH	12V－55AH
その他諸装置	クラッチ	遠心錘付トーションスプリング入り乾燥単板式	遠心錘付トーションスプリング入り乾燥単板式	遠心錘付ゴム入り乾燥単板式
	トランスミッション	前進4段、後退1段、選択摺動式	前進4段、後退1段、第3.4速シンクロメッシュ式	前進3段、後退1段、第2.3速シンクロメッシュ式
	変速比	第1速：5.53、第2速：3.48、第3速：1.71、第4速：1.00、後退：5.6	第1速：5.41、第2速：3.12、第3速：1.77、第4速：1.00、後退：5.44	第1速：2.76、第2速：1.70、第3速：1.00、後退：3.67
	副変速機	平歯車式	平歯車式	2スピード、ヘリカル歯車
	同変速比	1.3	1.3	(高) 1.00　(低) 2.31
	フレーム型式	梯子型コの字断面	梯子型コの字断面	梯子型コの字断面
	ブレーキ型式	油圧式ドラム	油圧式ドラム	ドラム (前：ツーリーディング/後：デュアル・ツーリーディング)
	フロント・スプリング 長×幅×厚 (mm)－枚数	半楕円型リーフ 1,000×45×6-9	半楕円型リーフ 1,100×70×6-4	平行半楕円型リーフ 1,100×70×6-6
	リア・スプリング 長×幅×厚 (mm)－枚数	半楕円型リーフ 1,150×45×6-9	半楕円型リーフ 1,300×70×7-4	平行半楕円型リーフ 1,100×70×6-6
	前車軸型式	全浮動式	全浮動式	全浮動バンジョー
	後車軸型式	半浮動式	半浮動式	半浮動バンジョー
	ショックアブソーバー	筒型単動	筒型単動	筒型単動
	タイヤ	6.00－16　6P	6.00－16　6P	前：7.60-15 4P/後：7.60-15 6P
	燃料タンク容量 (リットル)	41.6	50	70

上げられている。動力性能は変わらないが、燃費の向上が図られ、トランスミッションも4速から3速に変更されている。同時に当時の乗用車の主流であるコラムシフトになり、乗用車ムードの強いコクピットとなった。副変速機は2スピードのトランスファーとなり、ローを除いて2・3速がシンクロメッシュになった。ブレーキは前がツーリーディング、後がデュアル・ツーリーディングで、制動力は大幅に強化された。

トヨタ製ウエポンキャリヤーの開発

最後になるが、トヨタジープと同じ時期に開発されたウエポンキャリヤーについても見ることにしたい。

小型四輪駆動車と同様にオフロード走行を自在にする中型の軍用輸送車として警察予備隊の要請による開発である。開発が進んだところで、この種の車両はアメリカ軍から貸与されることになるという情報が入ったりするなど民間相手の開発とは異なる問題もあったが、開発が中断されることなく完成された。

サイズはホイールベース3000mm、全長5045mm、積載量は標準で750kg、最大で1000kgとなり、エンジンはトヨタジープと同じB型を搭載し、フレームやシャシーなどもBX型トラックのものを一部流用している。不整地や泥濘地、砂地、坂道などの走行を想定して20インチという大径タイヤを履き、ロードクリアランスを大きくしている。

ウエポンキャリヤーとして輸送するのは武器、弾薬、各種の機材、人員などで、外観は単純に見えても内部はい

中型トラックBX型をベースに六輪駆動となったFQS型。

トヨタランドクルーザーの誕生とその輸出

保安隊に納入されたトヨタ製のウエポンキャリヤーBQ型。

ろいろな工夫が凝らされているという。

外観で民間用車両と異なるのは、防空灯が装備され、計器の指針や目盛りには夜光塗料がぬられ、一部は赤色灯やサイレンも装備されていることなどである。また、1トントレーラーを牽引することもあるので、後部のクロスメンバーを補強してピントルフックが取り付けられ、トレーラー用のソケットが装備される。さらに、無線機が装備され、その電源をダイナモから取れるように12Vシステムを採用、バッテリーの容量も大きくし、急速充電用のコンセントも付いている。

この車両を改造して負傷者や病人を輸送するアンビュランスカーもつくられている。ウエポンキャリヤーの運転台は幌型で取り外しができるようになっているが、こちらはシャシー部分を改造して箱形ボディをとりつけたもので、エンジンの冷却水を使用した空調設備も用意されている。車両重量はウエポンキャリヤー2620kgに対して3330kgとなっており、乗車は10人である。最小回転半径はどちらも6.8メートル、最高速度は79km/hである。

トヨタのウエポンキャリヤーBQ型は1952年9月から生産を開始、56年までに360台がつくられた。さらにウインチを装備したBQW型は838台、アンビュランスカーBQA型は248台が保安庁に納入されている。その後もフレームなどを改良した2BQ型や2BQA型がつくられている。

101

このほかにも、六輪駆動トラックFQS型もつくられている。最初の警察予備隊向けのカーゴトラックは二輪駆動のBM型を改良したものだったが、BX型にモデルチェンジされたのを機に六輪駆動車の設計を開始し、保安隊に1953年2月から納入され、56年10月までに471台、ウインチ付き130台がつくられている。前2輪、後2軸4輪がすべて駆動され、後輪はそれぞれ全浮動式となっていて、2軸が別々に上下に動くので悪路走破性を高めている。全長6400mm、全幅2200mm、全高2730mm、ホイールベース4000mm、最大積載量5000kg、最高速79km/h、エンジンはB型より一回り大きいF型を搭載する。

　これらの車両は、保安隊用に開発されたものだが、市販もされて各地の開発や建設現場でも使用されている。

日産パトロールの誕生とその活躍

日産パトロールの開発スタート

　戦後の混乱の中で、生産性の悪さに苦しんでいた日産も、1950年7月からの朝鮮戦争による特需で経営状態が好転したのはトヨタと同じだった。軍用トラックの受注はトヨタより354台だけ少ない4325台確保している。

　日産も、戦後は普通トラックが生産の中心になっていた。戦時中は陸軍用トラックを初め軍需品を生産していたが、もともとは当時の小型乗用車のダットサンが主力製品としてスタートしたメーカーだった。

　戦後になってダットサンの生産も再開されたが、乗用車市場はきわめて小さく、日産でも特需で救われるまで新型車の開発に手がまわらなかった。そんななかで、ジープタイプ車の開発要請を受けて、日産パトロール計画がスタートした。

　警察予備隊の創設がきっかけであるから、日産パトロールの開発が始まったのはトヨタジープと同じ時期である。このころのトヨタと日産は自動車メーカーとしての規模や生産台数など

日産でも朝鮮戦争の勃発直後に小型四輪駆動車の開発を要請され、日産パトロールを完成させた。

多くの分野で拮抗しており、3位以下のメーカーとの格差が大きかった。警察予備隊がジープタイプの車両の開発を要請するのは、トヨタと日産しか考えられない状況だった。さし迫った要請だったので、開発に要する時間は少なく、超特急でジープタイプの小型車を仕上げなくてはならなかった。

トヨタのように戦前にジープタイプの車両の開発経験はなかったものの、日産は特需用のカーゴトラックで四輪駆動車を開発したばかりで、ウイリスジープや四輪駆動のダッジを参考にしながら開発が進められた。

使用するエンジンは、トヨタと同じように中型トラック用の直列6気筒エンジンを搭載することになった。日産の場合、小型乗用車用エンジンとしては、ダットサンに使用されている860ccサイドバルブ式の小さいものしかなかったから、これを採用するのは論外だった。この時点では、3670ccの中型トラック用NA型エンジンを使用しないとすれば、新しく開発する以外になかったが、そんな時間があるわけがなかった。本来なら、両エンジンの中間の排気量のものが望ましかったが、事情はトヨタと同じである。しかしながら、結果として国産の小型四輪駆動車は、トヨタにしても日産にしても、強力な直列6気筒エンジンを搭載していることが特色となり、海外でもこれが評価

日産パトロールの誕生とその活躍

を高める要素の一つとなった。

そうはいいながらも、機動性を重視するジープタイプ車の場合は、軽量コンパクトであることは重要な条件であり、その点で見れば、大きくて重い大排気量の6気筒エンジンの搭載は得策とはいえなかった。とくに日産エンジンはシリンダーブロックが頑丈にできているので重量がかさんでいた。

そもそもこのNA型エンジンは、グラハムページ社で設計されたもので、1937年にトラックの製造権を取得したときに一緒に購入したものである。製造設備一切とともに、経営が悪化したグラハムページ社から購入することで、日本に自動車の生産を根付かせようとした日産の創業者の鮎川義介の考えによるものだった。

グラハムページ社では、ガソリンエンジンとして開発したものの、シリンダーブロックはそのままディーゼルエンジン用に使うことを前提にして設計したので、がっちりとして重くなっていた。当時はOHV型エンジンが出現していたが、このエンジンはサイドバルブ式であった。全長911mm、全幅675mm、全高771mmというサイズのエンジンで、重量270kg、ボア・ストローク82.5mm×114.3mmという仕様である。サイドバルブ式のハンディキャップを感じさせないように、エンジンは細部にわたって改良が加えられ、戦後は75psだったものが、こ

機動性や信頼性を考慮し、修理しやすいようにつくろうとすると、やはりジープと似たようなデザインにならざるを得なかったようだ。

105

の前後に 85ps/3600rpm となっていた。

このエンジンをフロントに搭載しながら、日産パトロールではホイールベースを2200mmに抑えた車両にしている。長いエンジンを縦置きに配置することになるので、居住空間と荷物スペースを確保するためにラジエターが最前列に近い位置まで出っ張っており、ボンネットのスペースが長くならないよう配慮している。

フレームは頑丈なことを優先した梯子型で、コの字型断面を持つコンベンショナルなものである。

サスペンションは前後ともリーフスプリングを使用したリジッドアクスルであるが、バネ定数を比較的柔らかくして、乗り心地を犠牲にするのを避けたセッティングになっている。前後のアクスルは全浮動式でデファレンシャルギアにはスパイラルベベルギアが使用されている。四輪駆動にするにはフロントホイールに駆動力を伝達する副変速機がついており、このレバー操作で前輪の駆動がオンオフする。

最小回転半径は5.7メートル、フロントのホイールアーチを大きく取り、ホイールの切れ角を大

1951年2月には早くも試作1号車がつくられている。

耐久性を考慮してフレームは強固になっており、重量バランスと安全性を考慮してバッテリーと燃料タンクは中央寄りに搭載されている。比較的短いホイールベースにしたためにラジエターは前方に配置されている。下左はヘッドライトを利用して夜間の作業ができるようにしているもの。

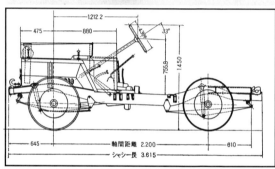

106

日産パトロールの誕生とその活躍

前後に同じタイプのデフ装置が取り付けられており、全浮動式のアクスルで、リーフスプリングは乗り心地も考慮されたものになっている。

シートはクッション性があり、折り畳めるようになっている。

きくして小回りが利くようになっている。タイヤは 6.00-16-6P で、アプローチアングルやデパーチャーアングルも大きくとられている。

車両のスタイルに関しては、ジープそのものという印象がある。フロントグリルの空気取り入れ用の切り込みがジープは縦長で、日産パトロールは横目になっているという違いはあるが、車の顔ともいうべきグリル全体の形状やヘッドライトの埋め込み位置、フロントフェンダー形状やボンネット形状などは同じである。それだけ本家のジープのインパクトが強く合理的にできているということだろう。ヘッドライトが逆向きになるようにセットされて車両そのものを照明して、夜間の作業に使用できるアイデアも導入されている。

試作車が完成したのは1951年2月で、暖かくなるのを待って、多摩川での渡渉テストや横浜市の伊勢山大神宮の階段、さらには土手の登降テストなどが実施された。まだどのメーカーも専用の本格的なテストコースなどはもっておらず、こうしたテス

横浜工場の近くにある多摩川などで走行テストが繰り返し実施された。

107

トは実際に現場にいって走行するしかなかった時代である。多摩川では水深70センチのあるところを横断し、大神宮では70段以上ある階段を難なく登って、四輪駆動車の威力を発揮し、テストは成功だったという。

日産パトロールの市販開始

　完成した日産製のジープタイプ車は、日産パトロール4W60型という名称が付けられた。4Wはもちろん四輪駆動を意味し、60型というのは新型車両としての呼び名である。日産ではダットサン乗用車が10型、ダットサントラックが20型という名称が戦前から付けられており、70型が直列6気筒エンジンを搭載した乗用車、80型が同トラック、90型が同バスの名称となっていた。モデルチェンジされると、それぞれ前に1がつけられ、10型は110型となり、さらに次は210型となる。したがって、310型といえばダットサンの3回目のモデルチェンジを受けた

日産パトロールによる富士登山の試み。これらは1954年に日産独自にテストしたもので吉田口をスタートした。

日産パトロールの誕生とその活躍

最初のテストでは6合目までだったが、このときは6合半、海抜2400メートルまで到達した。

ものを意味する。1960年に誕生するセドリックは30型と呼ばれた。

つまり、パトロールは日産車の正当な車種としての名称を与えられたことになる。この時代には、中型トラック・バスとダットサンしか主力商品がなかったから、3番目の車両としてパトロールに対する期待は決して小さくなかったのだ。

警察予備隊に採用されることを目標に開発され、予定どおり完成させたものの、採用はジープに決まり、トヨタジープと同じように特需は見込みはずれとなった。

1951年7月のウイリス製ジープとトヨタジープBJとともに国家警察予備隊の立ち会いのもとに運行試験が実施され、その結果がよかったにもかかわらずだ。翌8月29日の富士登山テストにおいてもジープは5合目までしか登らなかったが、トヨタ

警察庁への日産パトロールの納入式が横浜工場で開催された。

トレーラーを取り付け収容人員の増加が可能とPRされた。

ジープとともに日産パトロールは6合目まで登って、悪路の走破性に優れていることを実証した。

　警察予備隊に採用されることを目的として開発した日産とトヨタ、それにいすゞの3社は連名で、国産のジープタイプ車やウエポンキャリヤーの採用を陳情した。理由として、国産車は外国車にくらべて遜色がないこと、部品供給や修理が容易であること、国産車の採用は日本の自動車工業の発展を助長すること、外貨の節約になることなどが上げられた。しかし、日産パトロールは受注に至らなかった。

　その後、日産パトロールは国家警察本部から警察用車両として採用されることになり、1951年7月に第一次として70台受

各地の警察署に納入されることになり、パトロールカーとしての特別仕様車がつくられた。

日産パトロールの誕生とその活躍

1954年モーターショーの日産車。
グライダーの牽引に使用、下は消防車に仕立てられたもの。

注したことで、本格的な生産計画が立てられた。車体の組み立ては日産の傘下となった新日国工業の平塚工場で行われることになった。後の日産車体である。

1951年9月25日には警察庁への納入式が日産の横浜工場で開催された。警察本部の高官も招待して箕浦社長以下、川又専務や原科横浜工場長などが出席し、シャンパンを抜いて、紅白のリボンで飾られた1号車のバンパーに注いで前途を祝った。

111

南極遠征のための訓練にもパトロールが使用された。

トヨタが中部地方を本拠にしているのに対して、首都圏に根を下ろしていた日産はパトロール4W60型の売り込みを官庁や大手建設会社などにはかった。とくに小型で機動性があることから、消防自動車としての需要が見込まれ、民間用のパトロールは51年12月から市販されることになった。

中近東を中心とする輸出とパトロールの改良

日産は戦前から東南アジアなどに輸出した実績を持っていたが、戦後は1950年代になってようやく輸出に目が向けられるようになった。日産パトロールが市販された時期であり、各地へのサンプル輸出が実施された。しかし、日産の輸出は始まったばかりで、主力車種のダットサンに対してとは力の入れ方が

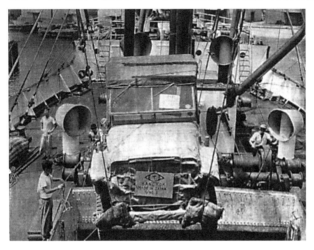

タイへの輸出のために船積みされる日産パトロール。

日産パトロールの誕生とその活躍

違っていた。

ブラジルへのサンプル輸出。

トヨタ車の輸出は、トヨタ自販の方針により自ら開拓してディーラーをつくっていくやり方だったが、この当時の日産は基本的には貿易商社に販売を委託することで輸出している。したがって、商社のまとめた契約に基づく輸出が中心で、1950年代の前半では、ブラジルとの間に12台のパトロールが1954年に船積みされたのを始め、タイなど東南アジアにもある程度の台数が輸出された。

産油国として脚光を浴び始めていた中東では、日産パトロールがジープタイプ車として独自の地位を築くようになった。戦前からヨーロッパの植民地として苦しめられた経験があるためか、日本からの輸出は歓迎され、ヨーロッパ車から乗り換える傾向が見られたようだ。

中東では、砂漠地帯などオフロード車の需要のある地域であることから、ウイリスジープが多く走っていたが、アラブ諸国にとって敵国であるイスラエルにジープの組み立て工場が造られたことによって、反発が強くなった。そのため、イギリスのランドローバーがシェアを伸ばしつつあったところに、日本からパトロールの売り込みが始められた。排気量の大きいエンジンを搭載するパトロールの性能がよかったことと、かつてのイギリスの植民地支配に対する反感とがあって、ジープタイプ車の市場では日本製が歓迎され、日産がシェアを伸ばすことになった。最初にシリアに輸出された240台のパトロールは軍用となり、アラブでの戦争や紛争に活躍するようになった。

高地のアンデス山脈の山間を走る日産パトロール。

しかし、こうした地域での使用状況は、日本では想定してい

113

ないものだった。砂漠や禿げ山が多いとはいえ、人口密度が高くない地域なので、アスファルト舗装された道路ではハイスピードで連続走行することが多く、オフロード走行でもアベレージスピードは高かった。そのため、オーバーヒートによるトラブルが発生することになった。

　日産パトロールがマイナーチェンジを受けるのは1956年のことで、このときにはラジエターグリルのデザインが変更されている。一般に市販したことによって、日本だけでなく世界の

マイナーチェンジされた日産パトロール。D4W61型はフロントマスクが変えられた。

メーターパネルのデザインも変わり乗用車ムードに近づいたコクピットになった。リアシートは折り畳み式で荷台後方のあおり部分は観音開きになっている。

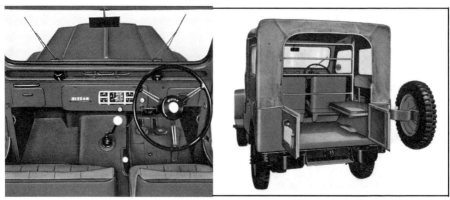

日産パトロールの誕生とその活躍

川中走行のテスト及び中東に船積みされようとしている日産パトロール4W60型。上はD4W61型。

ユーザーの意向を採り入れて各部の改良が実施されている。フロントグリルの部分は動物などとの衝突に対応してある程度ガードができるような作りにしている。

エンジンについてもパワーアップが図られている。

梯子型のフレームは基本的には変化はなく、前後ともアクスルは全浮動式である。

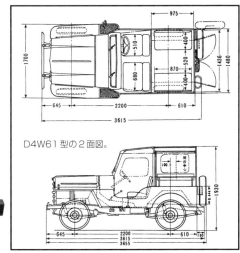

D4W61型の2面図。

115

直列6気筒3670ccサイドバルブエンジンは、1937年から使用されており、最初はA型と称された。その後NG型、NT型などと称されたが、改良されて1950年180型トラックに搭載されたときからNA型となった。このときのエンジン性能は85ps/3400rpmで、NB型になるのは1953年に日産トラックが380型から480型に代わったときで、性能は95ps/3600rpmに向上している。圧縮比が6.4から6.8に上げられ、燃焼室形状に改良が加えられ、バルブリフトも大きくなるなど吸気系を中心に改良され、吸入効率が向上した。気化器も改良され、出力向上と燃費性能を良くしている。燃焼室まわりやピストンなどの冷却性の向上も図られた。最初は480型トラックへの搭載が優先されたが、順次日産パトロールにもNB型エンジンが搭載された。

1954年には、消防車用パトロールのエンジンがNCF型になっている。これは特別にNB型のボアを85.7mmに拡大して排気量を3956ccにしたもので、エンジンの動力性能を上げるというよりポンプの放水性能の向上のための改良である。車両としての出力性能とポンプ駆動回転のための性能とは異なる要求であり、どちらかに合わせるともう一方の性能に問題が出ざるを得

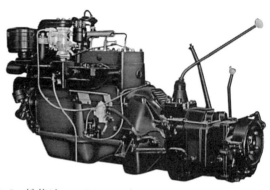

3670cc85psのNA型エンジン。直列6気筒サイドバルブで、1953年まで搭載された。

95psとなったNB型エンジンは排気量を変えずに燃焼室や吸気系の改良で出力向上が図られた。

日産パトロールの誕生とその活躍

消防車用に排気量の大きい
NCF型エンジンが開発された。

シリンダーの精密加工ができる
マイクロホーニング機が設置さ
れ作業性と精度が向上した。

ボアアップにより性能向上が
図られたNC型エンジン。

なかった。これを解決するためには、連続定格出力を向上させる必要があり、排気量の増大が最も有効で、余裕が出た分をポンプの駆動性能の方に振り向けることができる。これに伴いオイルクーラーの容量を増大するなどの改良も加えられている。消防車用のNCF型エンジンの定格出力は90ps/3000rpmとなっている。

480型トラックがマイナーチェンジされて482型になったのは1955年で、このときから搭載されるエンジンはNC型になった。消防車用として試みられたボアアップエンジンが、量産車用エンジンとして登場したことになる。性能は105ps/3400rpmである。NB型では排気量をそのままに性能向上を図ったことで、全高が大きくなるという問題があった。当時のエンジンはボアピッチに余裕があり、出力向上の常套手段としてボアアップが図られた。燃焼室形状や吸排気系が改良され、エンジンの高さもNA型と同じに戻された。大幅に出力向上したNC型が、1950年代後半の日産パトロールのエンジンとして活躍している。

しかし、サイドバルブエンジンであることで、NC型はそれ以上の出力向上はむずかしかった。

OHV型にするという大幅な改良を

117

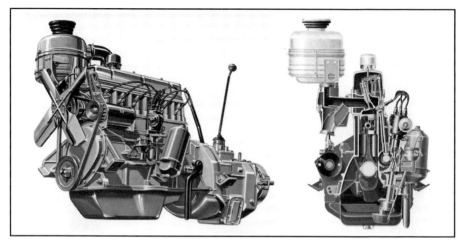

行ったP型エンジンが登場するのは1959年である。この改良には、ウイリスオーバーランド社出身のドナルド・ストーン技師が関係している。

日産のエンジン技術の指導にきたストーンはオースチン1500ccエンジンをベースにダットサン210型の1000ccエンジンの開発を指導したことで知られており、これは別名ストーンエンジンといわれた。

同様にNC型エンジンをベースにしてOHV型エンジンを開発するよう提案したのもストーンである。直列6気筒NC型エンジンは、7ベアリングのクランクシャフトをもち頑丈なシリンダーブロックなので、シリンダーヘッドを中心に改良すれば大幅な出力向上が図れるというのが、その理由だった。アメリカの量産体制による生産効率を重要視する立場のストーンにすれば、新規にエンジンを開発するのはリスクが伴うことで、既存の部品を最大限に利用して性能と信頼性を確保することが大切であるという考えだった。

従来からのシリンダーブロックを使用し、コンロッドメタル

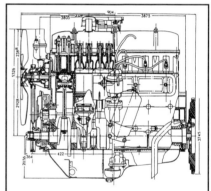

1959年にNC型エンジンをベースにOHV型に改造されP型となり大幅に性能向上が図られた。

とメインメタルの耐久性を上げ、コンロッド大端部の形状を変更し、クランクシャフトを一体鍛造にするなどしている。OHV型になることでシリンダーヘッドが高くなるので、重心が高くならないように、シリンダーブロックの高さを縮めている。燃焼室はバスタブ型でOHV型にしたことで同じボアでありながら吸気バルブ径を大きくすることができ、ポート形状も改良され、吸気効率を高めて性能向上が図られている。

　これにより、最高出力は125ps/3400rpmとなり、最大トルクもNC型が27kgm/1400rpmだったものから29kgm/1600rpmとなっている。P型エンジンはロングストロークで実用性の高いエンジンだった。低速トルクも十分にあり、回転の上がり具合もOHV型になることで大幅によくなり、パトロールとの相性もよかった。P型エンジンはパトロールが生産中止になる1980年代まで使用され続けた長命なエンジンとなった。

1960年に新型パトロール60型が登場

　P型エンジンの登場した1年後の1960年10月に日産パトロールの新型4W60型が登場している。それまでの細かい改良とは異なり、モデルチェンジに匹敵する大幅な改良である。

　この設計に当たり、重点を置いたことは、ボディスタイルを

1960年に新型となったパトロール4W60型はP型エンジンを搭載する。

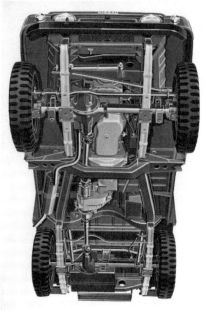

一新して軍民両方に適した斬新なものにすること、乗り心地、操縦性、高速安定性を乗用車並にすること、前、中央、後いずれにも動力取出装置を設置すること、居住性を改善し民需用に適したものにすること、ボディ構造は完全な分割式として輸出、補修などをしやすくすること、他車種の部品を極力使用して生産、サービスの便を図ること、長短二種のホイールベースを設定し各種関連車種をあらかじめ十分に考慮すること、などであった。

左はスタンダードの６０型、ホイールベースは2200mmのショートタイプ。上はフレームの断面形状を初めきめ細かい改良が加えられたシャシー。

　ジープと同じようにして軍用イメージの強かったものから、民間で使用するのに適したスタイルにすることを考慮してデザインされたという。しかし、一部は軍用にも使用されていることから、弱い感じを与えるようなスタイルは好ましくないということで、基本的にはジープタイプの印象の強いスタイルが踏襲された。

　梯子型フレームそのものは同じであるが、コの字型断面形状のものから箱断面形状のフレームになったことは大きな変化である。閉じ断面にすることによって上下寸法を小さくしながら剛性のあるものにすることができた。フレームを箱断面にするには溶接しなくてはならず、従来はなかなか採用で

きなかったものである。これにより、軽量化され、分割式のボディにすることも可能になった。

このころになると、ブルーバードやセドリックだけでなく、小型トラックや中型トラックなど、日産でつくる車種も大幅に増えてきており、パトロールの場合は同じような性能を持つ中型トラックの日産ジュニアB140型と共通部品が使用されている。1954年に誕生した日産ジュニアは1960年4月にパトロールより7か月前にモデルチェンジされており、デフやブレーキ、プロペラシャフトの接ぎ手などは一部を手直しするなどして共用されている。

乗り心地を向上させながら高速走行性能を上げるために、サスペンションスプリングはスパンを大きくしリーフの幅を70mmに増大して、枚数を前4枚、後5枚に減らし、柔らかいバネにし、前後ともスタビライザーを装着してロールが大きくなるのを抑えている。ショックアブソーバーは複動式を採用、バネとの関係でピッチングを小さくしている。なお、リーフスプリングの枚数を減らしたことにより、ロードクリアランスを大きくしている。

P型エンジンを搭載し、専用設計の3速トランスミッションと2段の副変速機を備えている。レバーはハイ・ローの切り換えと後輪駆動用と四輪駆動用の切り替えと2本あり、それぞれ

2500mmのロングホイールベースのG60型。積載量の異なるA・Bタイプがある。

独立に操作できる。ギアレシオは1、1.56、2.90で、ハイ1、ロー2.26となっている。

ホイールベースはショート2200mmとロング2500mmとあり、標準車種の設定もバラエティに富むものとなった。

スタンダードの60型は貨客兼用車で後席は折り畳み式対向シートで4名または400kg積み、G60型はそのロング仕様で後席が300mm後退しており、6名または400kg積み、G60-H型は750kg積みにするためにバネなどを変更したタイプ、WG60型はロングのワゴンで3列シート8人乗り、リア扉は上下開きタイプ、VG60型はこのバンタイプで2列シートになり、5名＋250kg積みまたは2名＋400kg積み、FG60-H型は消防車で、このほかにD60型が軍用タイプとなっている。

FG60型と称された消防自動車仕様のパトロール。乗車定員は8名。

1960年代になると日産車の輸出も増大しており、どのタイプも左ハンドル車が設定されている。車体の設計などに関しても、製造していた新日国工業が協力している。その後、新型パトロールは民生ヂーゼル（現在の日産ディーゼル）で車体がつくられることになった。

日産パトロールはその後も細部にわたって改良が加えられたものの、1980年にフルモデルチェンジされるまで、基本仕様は変わらなかった。日本での名称はサファリになって、型式名は60型から160型に変更されている。

軍用トラックの日産キャリヤーの誕生

日産パトロールと同じように、1950年8月に警察予備隊で採用する計画のあるウエポンキャリヤーの開発に関しての照会があり、同時に開発に向けて準備が進められた。ホイールベース2800mmと、パトロールより一回り大きい750kg積み四輪駆動トラックである。

日産パトロールの誕生とその活躍

ウエポンキャリヤーとして開発された4W70型。右は試作車による走行テスト。

保安隊員も参加しての車両走行テスト。悪路走行だけでなく、ブレーキテストなども実施された。

試作車が完成したのは1951年4月とパトロールよりわずか2か月遅れだった。7月に警察予備隊の運行試験をうけ、パトロール同様に良好なテスト結果を示したが、アメリカ軍から同じようなタイプの軍用車が貸与されるということで、このときは採用を見送られた。

日産キャリヤーによる保安隊での訓練風景。

　しかし、翌52年になって国産車が採用されることになり、生産に向けてスタートが切られた。

　まず試作車の改良が実施され、制式採用に向けての公式試験が52年9月に行われた。日産キャリヤーのほかにトヨタウエポンキャリヤーやトヨタ六輪駆動車などが参加した。この結果を受けて保安隊からまず日産キャリヤーが262台、無線などを装着した指揮官車のコマンドカー40台を受注した。これにより、本格生産に入った。

　日産キャリヤーは形式名4W70型（戦前の70型乗用車は戦後は生産されていない）で、エンジンはパトロールと同じNA型を搭載したが、その後NB型、NC型、さらにはP型とパワーアップされたエンジンになっていった。

　フレーム形式やシャシーの機構などは日産トラックと同じで、用途や積載量を考慮して設計されたものである。副変速機

日産パトロールの誕生とその活躍

マイナーチェンジされた日産キャリヤー。車両サイズや基本的な仕様などは変わっていない。

により後輪駆動から四輪駆動に切り換えられる方式はパトロールと同じである。

　ウインチを装備する車両にはパワーテイクオフ装置がつけられており、運転席左のレバー操作で駆動できる。さらに、クレーンや各種の作業用装置を装着することによって、目的地で作業車として使用することも可能にしている。

　軍用として開発されたが、民間での需要も見込まれることから、日産キャリヤーという名称を付けられ、広く販売されるようになった。125psのP型エンジンが搭載された4W73型では1.5

125

荷室には全鋼製の折り畳み式ベンチシートがあり、人員の快適な輸送を可能にしている。

日産キャリヤー4W73型2面図。

トン積みとなり、万能全輪駆動車として、小回りがきき、使いよい大きさの車両であると宣伝された。回転半径は7.2メートル、ロードクリアランスは260mm、タイヤ径は20インチだった。ミッションやデフなどが水密対策をほどこしてあるので水深950mmまでは走行可能である。オイルパンにバッフルを入れて、登坂に関しても32度まではオイル切れを起こさないようになっていた。

　ボンネットタイプの幌型でロードクリアランスの大きいものの、全長4730mm、ホイールベース2800mmという数字は、全幅を別にすれば3ナンバーの国産乗用車と同じものである。この時代では125psというのも高性能なもので、カタログには「とくにシャシー、ボデー関係はAPA（米軍規格）に合格した、きわめて強靱、耐久性にすぐれたものです。このため国内はもちろん印度をはじめ海外にも多量に輸出し、好評をいただいております」とある。

日産四輪駆動車諸元

諸元 \ 車種		ニッサンパトロール 4W60型（1952年）	ニッサンパトロール 4W60型（1960年）	ニッサンキャリヤー 4W73型
寸法	全 長 (mm)	3,695	3,770	4,730
	全 幅 (〃)	1,700	1,693	2,045
	全 高 (〃)	1,900	1,980	2,355
	ホイールベース (〃)	2,200	2,200 (2,500)	2,800
	トレッド 前 (〃)	1,400	1,382	1,600
	〃 後 (〃)	1,280	1,400	1,600
	最低地上高 (〃)	210	222	260
重量	車両重量 (kg)	1,570	1,570 (1,595)	2,690
	乗車定員 (名)	4	6 (8)	2
	車両総重量 (kg)	1,790	1,900	4,300
性能	最高速度 (km/h)	106	115	98
	登坂能力 (sinθ)	0.67	0.625	0.491
	回転半径 (m)	5.7	5.5 (6.2)	7.2
エンジン	型 式	NA型	P型	P型
	種 類	水冷4サイクル直列6気筒SV型	水冷4サイクル直列6気筒OHV型	水冷4サイクル直列6気筒OHV型
	シリンダー内径×行程 (mm)	82.5×114.3	85.7×114.3	85.7×114.3
	総排気量 (cc)	3670	3956	3956
	圧縮比	6.8	7.0	7.0
	最高出力 (ps/rpm)	85/3,400	125/3,400	125/3,400
	最大トルク (kgm/rpm)		29/1,600	29/1,600
その他諸装置	クラッチ	乾燥単板遠心加圧式	乾燥単板遠心加圧式	乾燥単板油圧操作式
	トランスミッション	前進4段、後退1段、選択摺動式	前進3段、後退1段、2.3速シンクロメッシュ式	前進4段、後退1段、2.3.4速シンクロメッシュ式
	変速比	第1速：7.13、第2速：4.11、第3速：2.04、第4速：1.00、後退：8.46	第1速：2.90(6.56)、第2速：1.56(3.53)、第3速：1.00(2.26)、後退：4.02(9.09) ※( )内は低速時	第1速：6.52、第2速：3.40、第3速：1.81、第4速：1.00、後退：8.56
	リア・アクスル	全浮動式	半浮動式	全浮動式
	フロント・アクスル	全浮動式	全浮動式	ベンディックス・ワイス接手
	フロント・スプリング 長×幅×厚 (mm)－枚数	1,050×45×6－9	1,100×70×6.5－3	1,060×50.8 ×7.9－4／×7.1－4
	リア・スプリング 長×幅×厚 (mm)－枚数	1,200×45×6－11	1,300×70×7.5－5	1,300×50.8×7.9－18
	ショックアブソーバー	油圧式筒型（前後共）	油圧式複動筒型（前後共）	油圧式レバーカム型（前後共）
	フットブレーキ	油圧式4輪ドラム	油圧式4輪ドラム	油圧式4輪ドラム
	フレーム	コ字断面梯子型	箱型断面梯子型	コ字断面梯子型
	タイヤ	6.00－16 6P	6.50－16 6P	7.50－20 10P
	燃料タンク容量 (リットル)	57	50	110

いすゞの全輪駆動車の誕生

大型トラックメーカーとしての地位の確立

　いすゞという社名の由来は、1932年に製作された商工省標準型自動車の車名を伊勢地方にある五十鈴川にちなんで「いすゞ」と命名したことによる。陸軍が輸送に使うトラックを在野の自動車メーカーと官庁の総力を挙げて開発したもので、まだトヨタも日産も自動車メーカーとして名乗りを上げる前のことだった。鉄道省から後に新幹線の開発の中心となる技術者の島秀雄が、陸軍からは戦後日産の重役となる上西甚蔵が、石川島自動車製作所からは後にいすゞの社長となる楠木直道が、ダット自動車からは最初のダットサンの設計者の後藤敬義などが中心となって共同設計し開発が進められたものだ。

　その後、石川島自動車など軍用トラックメーカーが合併して「自動車工業」がつくられるが、これが現在のいすゞの前身となる会社である。設立されたのは陸軍省の肝いりによるもので、軍用大型トラックを生産するための国家による統制の一環だった。1941年に社名を「ヂーゼル自動車工業」として、日立や三菱、

いすゞの全輪駆動車の誕生

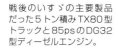
戦後のいすゞの主要製品だった5トン積みTX80型トラックと85psのDG32型ディーゼルエンジン。

池貝鉄工、川崎車両から技術者と資本を導入している。軍からの受注による自動車の生産が中心となり、戦時中は軍部からの要請により兵器の生産にも手を染めた。軍部との結び付きが強い企業として、親方日の丸的側面を強く持っていた。

戦後は他の軍需企業同様に民需転換を図り、トラック・バスメーカーとして再出発し、1949年に社名をいすゞ自動車に変更して現在に至っている。ガソリンエンジン車も開発しているがディーゼルエンジン車メーカーとしての特長を生かして独自性を発揮しており、東南アジアへの輸出も1951年頃から本格的に開始した。

戦後の最初の国内特需である1950年の国家警察予備隊へのいすゞ車の納入は、わずか40台にすぎなかった。いすゞの中心的なトラックである5トン積みのTX80型の納入で、カーゴ車20台、ダンプ車20台という内訳だった。TX80型は戦後すぐのTX40型をモデルチェンジして、それまでの4トン積みからいち早く5トン積みにしたもので、警察予備隊に納入されたのはガソリン車である。その後も、1955年にディーゼル車に切り換えられるまでの納入はすべてガソリン車だった。

六輪駆動車TW型の開発

特徴を出すために、いすゞでは1951年に六輪駆動トラックTW型を新しく開発している。ベース車両はTX80型で、ホイールベースは同じ4000mmである。もともとTX80型は積載量を増やすために後輪はダブルタイヤとした仕様が主流になってい

129

六輪駆動車の
TW21型。こ
のタイプがい
すゞで最も多
く保安隊に納
入された。

た。現在と比較すると、輸送機関の不足が深刻な状態が続いて
おり、過積載はごく一般的だったから、それに耐えうるトラッ
クにしなくてはならなかった。戦時中に使用されたトラックは
ウォームギア方式の四輪駆動だったが、この六輪車TW型は本
格的な全輪駆動である。トランスファーによりエンジンの駆動
力が前車軸と後車軸(2軸)に伝達されるが、切り替えはロー
とハイの2段になっていて、ローレンジの場合
はハイに比較して2.7倍の駆動力が得られるよう
になっている。

こうした技術は、戦前から蓄積していたもの
だが、1947年から始めた占領軍からのトレー

TW21型はハイ・ロー
の2段切り替えのトラ
ンスファーケースを持
ち、リアアクスルはト
ルクロッドを用いた構
造になっている。

130

いすゞの全輪駆動車の誕生

ダンプカーとして各地の建設現場などで用いられた。ガソリンエンジン搭載車はTW21型、ディーゼルエンジン搭載車はTW11型といわれた。

ラーやトラクター、パワープラントなどの修理作業を行う過程で学んだことも参考にしている。占領軍からの仕事は1952年まで続けられ、いすゞの経営に貢献した。

　全輪駆動車TW型の開発テストは、警察予備隊の技術者とともに実施されたが、アメリカ軍から派遣されていたアドバイザーも参加し協力している。テストは富士山麓及び鵠沼海岸などの不整地や砂地で行われ、アメリカ軍の持っている全輪駆動車とも比較された。登坂能力や燃費に関してはアメリカ製トラックよりいすゞ車の方がすぐれていたという。

　梯子型の堅牢なフレームをもち、クロスメンバーがそれを支えて強度と剛性を確保しており、フレームの断面形状はこの時

いすゞ全輪駆動車TW21型3面図。

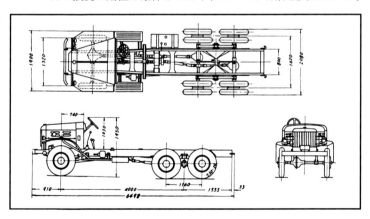

131

六輪駆動車のTW21型の姉妹車として登場したTS21型。

代の主流であるコの字型をしている。サスペンションは前後とも全浮動式といわれたリジッドアクスルタイプで、リーフスプリングは仕様によって枚数が異なっている。油圧式のショックアブソーバーが装着されていることがPRされる時代であり、そのために振動が少なく、乗り心地が良好で、山岳地帯の旅客輸送用にも適しているとカタログに記されている。同様に、ブレーキもハイドロマスター付きで、大きいマスターシリンダーがついていることがアピールされている。

エンジンはTX80型と同じ水冷直列6気筒、サイドバルブ方式で、ボア・ストロークが90×115mmの4390cc、改良が加えられて圧縮比が6.4にアップ、吸排気効率を高めて105ps/3200rpmに向上している。トルクは29kgm/1400rpmである。民間用にはガソリンエンジンとともに、ディーゼルエンジン車が用意されていた。直列6気筒で、予燃焼室式、ボア・ストロークは100×120mmの5654ccとガソリンエンジンより排気量

上のダンプカーの他にも各種の作業車として活躍したTS21。強固なフレームに支えられた四輪駆動車だった。

いすゞの全輪駆動車の誕生

を大きくして出力の低下を防いでいる。これにより、最高出力は105ps/2600rpm、最大トルクは33kgm/1400rpmと使いやすくなっている。さらに、ディーゼルエンジンにはスーパーチャージャー付きも用意され、こちらの方は120ps/2600rpm、38kgm/1400rpmとなっている。ただし、ガソリンエンジンの重量355kgに対してディーゼルエンジンは530kg、同じくスーパーチャージャー付き570kgと重くなっている。

これらTW型車には牽引に威力を発揮するウインチが装備できるようになっている。運転室内のパワーテイクレバーの操作により重量物の牽引や高いところへの引き上げ、引き下ろしなどを可能にしている。動力はミッションからとっており、牽引

左はGA110型ガソリンエンジン。右はDA110型ディーゼルエンジン。スーパーチャージャー付きもある。

いすゞTW型及びTS型用エンジン主要諸元

諸 元	DA110（ディーゼル）		GA110（ガソリン）
	スーパーチャージャー無し	スーパーチャージャー付き	
型 式	水冷4サイクル直列予燃焼室式		水冷4サイクル直列側弁式
シリンダー数・内径×行程	6-100×120mm		6-90×115mm
総排気量	5654cc		4390cc
圧縮比	19		6.4
最大出力	105ps/2600rpm	120ps/2600rpm	105ps/3200rpm
最大トルク	33kgm/1400rpm	38kgm/1400rpm	29kgm/1400rpm
充電発電機	24V-350W	24V-500W	6V-240W
始動電動機	24V-5ps		6V-1ps
長×幅×高	1123×685×1040mm	1135×795×1100mm	1102×681×1027mm
重 量	530kg	570kg	355kg

容量は4トン、ギアレシオは33:1、ケーブルの長さは14mm×40メートルである。

いすゞでは、この六輪駆動車と同じ車体でリアを1軸にした四輪駆動車のTS型も市販している。

これらの全輪駆動トラックは警察予備隊とその後名称を変えた保安隊に独占的に納入されている。1951年度は368台、52年度は779台、53年度は1211台で、それ以降も毎年受注が続いている。

運転席左側のコントロールレバーでローとハイの切り替えをする。ウインチの牽引容量は4トン、ケーブルの長さは40メートル。左上は堅牢な作りのフロントアクスル部。

水中走行可能な四輪駆動車TR型の開発

このほかにも、水中走行を可能にした四輪駆動トラックのTR型が開発された。六輪駆動車ほど多くはないが、開発された直後から防衛庁に納入されている。TR型はホイールベース2900mmとTW型やTS型に比較すると小さいタイプのトラックで、ジープを一回り大きくした程度のサイズである。積載量は1000kgから2500kgと輸送力がある上に小回りが利くという利

■ いすゞの全輪駆動車の誕生

TR21型は特に過酷な悪路走破性を確保するために開発された。

ジープタイプ車より一回り大きいいすゞTR21型四輪駆動車。

点を持っている。ジープを小型四輪駆動車とすれば中型に属するものである。警察予備隊へのトラックの納入が始まった直後から本格的な開発が始まり、1953年10月に完成されている。

開発に際して参考にしたのは戦後入ってきたダッジ四輪駆動車で、それまで開発した全輪駆動車の技術を生かしながら設計された。ロードクリアランスを大きくするためもあって、使用するタイヤは5トン車のTW型などと同じサイズの9.00-20または7.50-20という大径タイヤとしている。機動性を発揮するようにホイールベースはできるだけ短くし、アプローチアングルとデパーチャーアングルを大きくとっている。アプローチアングル36度、デパーチャーアングル32度である。

135

エンジンは4390ccのTX80型と同じガソリンエンジンを使用、TR型への搭載にあたっては90psに高められていた。TX80型の許容重量（車両総重量）は8500kgであるのに対し、TR型では6060kgであるから同じエンジンではオーバーパワーと思われるくらいであるが、機動力を高めるだけでなく、寒冷時の水中走行などの過酷な使用を考慮して余裕を持たせている。ハイ・ローの副変速装置を備えている。

特徴は水深2メートルまでの水中走行を可能にしていることである。このため、エンジンだけでなく、ミッションや電装部品、ステアリング機構などが水中でも機能するように設計されており、開発ではそのためのテストが繰り返し実施されて改良が加えられた。

エンジンのテストは吸気管と排気管を外部に取り出しただけで、あとは水中に入れて運転するという大型の水槽による水密試験装置を作って実施された。水量や水圧を変化させて、水中での始動から停止、連続運転を繰り返すテストである。このテストではバッテリーだけでなく、各種のメーター類、ライトなどの電装部品も水中に入れてチェックされた。

水中走行に耐えられるように改良が加えられたのは、タイミ

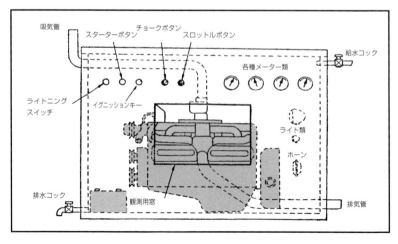

TR型に搭載されるエンジンの水密試験装置。

いすゞの全輪駆動車の誕生

渡渉用の吸排気装置を取り付けたTR21型(128ページのタイトル写真参照)。

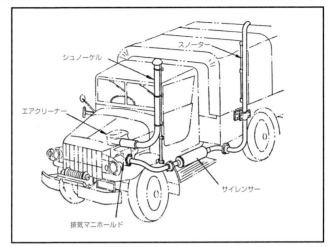

　ングギアケースカバー、オイル注入口、オイルレベルゲージ、フライホイールハウジング、さらにシリンダーブロックの一部である。タイミングケースカバーはクランクシャフト先端部からのオイル漏れや水の浸入を防ぐために、特殊な材質のリテーナーを取り付けている。鋳鉄製のオイルは注油口はゴムパッキンで密閉されている。クランクケース内の換気はこの注入口の中央部にブリーザーパイプを出して、エアクリーナー内に導くようにしている。

　各種の電装品が確実に作動するように12ボルトシステムを採用、ディストリビューターとイグニッションコイルを一体にしたイグナイターにすることで、水中走行時の電気の漏洩を防ぎ、ハイテンションコードの挿入部はキャップの外側にシール性を保つナットを取り付け、ゴムパッキンによって外部と絶縁させている。これとは別にイグナイター本体に二つの換気口を設けて、エアクリーナーとキャブレターのベンチュリー上部に連結されている。ストロンバーグ型キャブレターは、スロットルとチョークバルブのスピンドル部分をゴムパッキンで水の浸入を防ぎ、フロートチャンバーのブリーザーパイプはベンチュリー上部に導入している。

137

TR21型の多摩川における実際の水中走行テスト。

　ハイ・ローに切り替える副変速機は前輪の駆動は手動によるが、主変速機とともにシール性を高めるために、主としてゴムカバーをかぶせたり外部から遮断している。

　水中でのスピードは5～6km/hくらいの超低速となるので、ブレーキドラム内は水密構造になっていないが、川底などから巻き上げた砂礫がブレーキドラム内に浸入してライニングなどを損傷しないように配慮されており、ライニングも水に濡れて膨張しないように耐水性のある材料を使用している。ブレーキマスターシリンダーは水が浸入しないようにし、シリンダー上部にブリーザーパイプを取り付けてエアクリーナー内に常時導いてシリンダー内が負圧にならないようにしている。

　TR型の場合、水深50cmまでの浅瀬ではそのまま渡ることができるが、それ以上の水深になるとシュノーケルのような吸気管と排気管を装備する必要がある。吸気管はエアクリーナーの端部とラバーホースで結合し、排気管は後部のマフラーの後方の接ぎ手で結合する。それぞれカウルと荷台に取り付けられたブラケットにボルト締めする。この取り付け自体は時間がかからずにできるものである。

　軍用としては、水深の深いところでの走行の必要もあるの

138

いすゞの全輪駆動車の誕生

で、こうした車両の開発は必須のものとなったが、日本では水中走行を想定した車両の開発経験がなく、また当時は水の浸入を防ぐためのノウハウを記した文献もあまりなく、手探りに近い状態で開発が進められたようだ。それでも、各種のテストで改良を加えることで、結果的に問題がなくなったという。

いすゞの全輪駆動車は、保安隊や後の自衛隊で使用されたが、同時に電源開発工事などでも使用された。この当時は電源開発ブームで、佐久間ダムや奥只見ダムなどの建設が進められ

いすゞ全輪駆動トラック諸元

諸 元	車 種	TW141型 (6×6)	TS141型 (4×4)	TR21A型 (4×4)
寸法	車両全長(mm)	7,025	7,025	5,290
	車両全幅（〃）	2,270	2,270	2,100
	車両全高（〃）	2,440	2,460	2,250
	ホイールベース（〃）	4,000	4,000	2,900
	トレッド　前（〃）	1,520	1,550	1,680
	後（〃）	1,620	1,632	1,680
	最低地上高（〃）	225	240	275
	標準荷台寸法　長（〃）	4,120	4,120	2,330
	幅（〃）	2,100	2,100	2,100
	高（〃）	450	450	450
重量	シャシー重量（kg）	4,200	3,490	2,500
	車両重量（〃）	5,410	4,700	3,300
	最大積載量（〃）	5,000	5,000	1,000 (2,500)
	乗車定員（名）	3	3	2 (3)
	車両総重量（kg）	10,575	9,865	4,540 (6,060)
性能	最高速度（km/h）	66	68	95
	登坂能力（tanθ）	0.5	0.5	0.6
	最小回転半径（mm）	9,000	9,600	6,700
シャシーばね	エ　ン　ジ　ン	DA110型（ディーゼル）及びGA110型（ガソリン）		DG35型（ガソリン）
	型　　　式	半楕円型板ばね（ショックアブソーバー付き）		
	前〔長×幅×厚(mm)−枚数〕	$1,150 \times 70 \times \frac{9-6}{7-1}$		$1,150 \times 70 \times \frac{9-2}{7-7}$
	後〔長×幅×厚(mm)−枚数〕	$1,160 \times 70 \times 11\text{-}17$	$1,400 \times 70 \times \frac{11-11}{9-1}$	$1,230 \times 70 \times \frac{9-2}{7-8}$
その他諸装置	クラッチ	乾燥単板式ゴムダンパー付き		
	前　車　軸	全浮動式		
	後　車　軸	全浮動式		
	タ　イ　ヤ	7.50−20　12P	8.25−20　14P	9.00−20　12P (7.50−20　10Pの使用も可)
	ブ　レ　ー　キ	真空補助装置付油圧式ドラム		内部拡張油圧式

ていた。こうした現場ではいすゞの六輪駆動の TW 型や四輪駆動の TS 型トラックが活躍した。

　なお、いすゞはこれらのトラックの需要が好調で、1950年代には経営状態が大幅に改善された。そうした背景のもとにヒルマンの国産化に取り組み、総合自動車メーカーになることを目指した。また、ジープタイプの小型四輪駆動のビッグホーンを市販するのは1981年のことである。これはオフロード走行を主としたものであったが、スパルタンな印象の強いものではなく、乗用車の操作性に近いものとして開発された最初期の小型四輪駆動ビークルでもあった。

1955年発行のCJ3B-J3型のカタログ。このモデルは後輪の左上にスペアタイヤが搭載されている。

1956年に発売されたジープデリバリワゴンJ11型のカタログ。この時代はまだ車体のフロント部分に「WILLYS」の名がつき、フロントガラスは2分割の平面ガラスが採用されている。

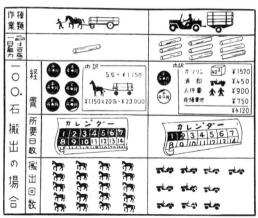

(仙台市・堀田自動車株式会社提供)

1956年名古屋中重自動車が発行した冊子に掲載された、ジープの有用性を広めるための比較表。馬車との比較、またジープと乗用車を人格化しての花嫁候補比較など、当時の日本人がジープに対して持っていたイメージがわかり興味深い資料として掲載した。

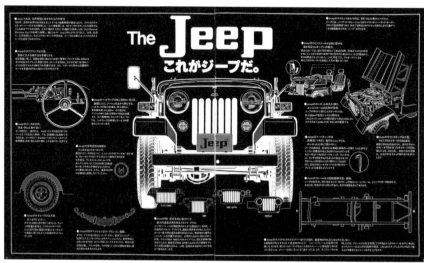

1979年のカタログ。ジープの特徴や魅力、歴史が、三菱のマークをつけたジープのイラストとともに見開き2ページで掲載されている。

トヨタBJ型のカタログ表紙。ジープタイプのBJ型の正式名称は1954年「ランドクルーザー」に決定した。

1958年9月に発行された、ランドクルーザーの取扱書。上下共イラストによるカラーカタログ及び取扱書であり、当時はこの手法が多く見られた。

THE VERSATILE **TOYOTA Land Cruiser**
with 4-wheel Drive

built for work...ideal for week-end fun

TOYOTA
Land Cruiser - 4-wheel drive
built for work...ideal for week-end fun

Six-cylinder, 120 HP overhead valve engine offers a 7.2 compression ratio...delivers more usable power with greater economy of operation.

ENGINEERED TO "TAKE IT" — The 120 HP Toyota 4-wheel drive Land Cruiser is built rugged to take the punishment of off-highway driving. Slugs its way through mud, churns its way up precipitous slopes, puts a road where there wasn't one before!

VERSATILE — Equipped with a standard body, the Land Cruiser seats four or more passengers. Driver's seat is adjustable for driver comfort... rear seat drops forward to permit cargo hauling. Drop-type rear gate fastens securely. Personnel and cargo carrier model features side seating, swing-out rear doors or drop gate ...easily accommodates six passengers.

GREATER USABLE POWER — Increased compression ratio provides higher horsepower. Levels a steep grade like no other vehicle built! Solid, tough "horses" to command when the going is sloggy! Rugged power to give you dependable performance — no matter what the test!

ECONOMICAL — up to 24 miles per gal. in rugged terrain!

Toyota's advance-design, heavy duty chassis features strength where it is needed. Land Cruiser chassis is girder type pressed steel, with front and rear semi-elliptic leaf springs for roadability.

SPECIFICATIONS:

[specifications details]

ランドクルーザーの英文リーフレット。A4サイズの1色刷り表裏1枚もので、FJ25L型が紹介されている。ランドクルーザーは、トヨタ製輸出車の先鞭であり、海外進出に多大な貢献をしたモデルに成長することになる。

国産ジープタイプの誕生

三菱・トヨタ・日産の四輪駆動車を中心として

2018 年 8 月 21 日　初版発行

編　者	GP 企画センター
発 行 者	小林　謙一

発 行 所	株式会社 **グランプリ**出版
	〒101-0051　東京都千代田区神田神保町 1-32
	電話 03-3295-0005　FAX 03-3291-4418

印刷・製本	シナノ パブリッシング プレス

© 2018 Printed in Japan　　　　　　ISBN978-4-87687-358-6　C-2053